U0278826

美丽乡村规划

设计概论 与 案例分析

张天柱　李国新　主编

中国建材工业出版社

图书在版编目(CIP)数据

美丽乡村规划设计概论与案例分析 / 张天柱, 李国新主编. —北京：中国建材工业出版社, 2017.11

(美丽乡村系列丛书)(2021.8 重印)

ISBN 978-7-5160-2032-6

Ⅰ.①美… Ⅱ.①张… ②李… Ⅲ.①乡村规划—研究—中国 Ⅳ.①TU982.29

中国版本图书馆 CIP 数据核字（2017）第 237598 号

美丽乡村规划设计概论与案例分析

张天柱 李国新 主编

出版发行：中国建材工业出版社

地　　址：北京市海淀区三里河路 1 号

邮政编码：100044

经　　销：全国各地新华书店

印　　刷：北京印刷集团有限责任公司

开　　本：710mm×1000mm　1/16

印　　张：15

字　　数：220 千字

版　　次：2017 年 11 月第 1 版

印　　次：2021 年 8 月第 6 次

定　　价：78.60 元

本社网址：www.jccbs.com　　微信公众号：zgjcgycbs

本书如出现印装质量问题，由我社市场营销部负责调换。联系电话：(010)88386906

本书编著者名单

主编： 张天柱　李国新

编著： 潘　丽　郑　岩　曾永生　王向明　于　雪
　　　　李志新　张　洁　刘敬萍　王　宣　蒙建卫
　　　　冯丽凝　范春垒　曾秋玉　曾任其　袁　欢
　　　　孙皎皎

序　一

继党的十八大报告和习近平总书记提出的"要努力建设美丽中国，实现中华民族永续发展""中国要强，农业必须强；中国要美，农村必须美；中国要富，农民必须富。建设美丽中国，必须建设好美丽乡村""为农民建设幸福家园和美丽宜居乡村"等一系列重要指示之后，习近平总书记在十九大报告中提出了"农业农村农民问题是关系国计民生的根本性问题，必须始终把解决好'三农'问题作为全党工作重中之重"的决策。因此，"要坚定实施乡村振兴战略。坚持农业农村优先发展，按照产业兴旺、生态宜居、乡风文明、治理有效、生活富裕的总要求，建立健全城乡融合发展体制机制和政策体系，加快推进农业农村现代化。"乡村振兴战略的提出，是把乡村放在了与城市平等的地位上，把乡村作为一个有机整体，更加注重发挥乡村的主动性，将乡村的产业、生态、文化等资源整合提升，进一步激发乡村的发展活力，使乡村得到长期可持续发展。这种思路的根本转变确立了全新的城乡关系，从而对乡村规划工作提出了新要求。

为落实上述指示和决策，美丽乡村规划不再仅是过去民居的提升改造建设，也不仅只是"生产发展、生活宽裕、乡风文明、村容整洁、管理民主"理念的落实，而是要以"三农"发展的新起点、新高度、新平台为新目标，从而实现新型城镇化。即以高效的农业产业为支撑，保持可持续发展的活力；以优良的生态环境为依托，树立守护宜居乡村生活的愿望；以耕读文化传家的精神为动力，实现农业文明的创新，融入我国现代化的进程。通过"三农"发展推动乡村振兴，通过乡村振兴进一步促进城乡更好地融合发展，形成城乡共存共荣、互补互依的美好图景。

近年来，基于美丽中国的大背景下，乡村正以不同于城市的方式快速发展，美丽乡村规划也日趋成熟。作者经过多年实践，现将其取得的经验进行整理、汇集成册，就有了手头的这本《美丽乡村规划设计概论与案例分析》，本书内容广泛、详实，全面系统地阐述了美丽乡村规划设计的基本流程，从前期现场调研与规划方法挖掘，到后期保障措施，并结合不同地区、不同类型的实际案例，分析具体的规划步骤。据此，本书可作为学生学习的专业读本；也可供乡村规划领域的工作人员参考。

希望本书的出版能帮助更多从事乡村规划设计的工作者少走些弯路，激励更多志同道合的年轻人为治理农村人居环境和建设美丽宜居乡村贡献自己的力量。我们期待，随着国人思维方式的转变，美丽乡村规划将面临更有深度和广度的变革，乡村建设在内因和外因的驱动下必将进一步迈向新的发展阶段。推动乡村振兴，早日实现中国梦！

张仲威

2017 年 10 月于北京

序　二

作为拥有着最大的农业地域及世界最多的农业人口的国家，我国广袤的土地上正在快速地推进着新型城镇化的脚步，随之而来的就是农业、农村形态的持续演进，美丽乡村建设就是在这样的时代背景下应运而生。从2003年国家农业部启动美丽乡村创建活动以来，我国的社会主义新农村建设步入了一个史无前例的新高度。美丽乡村是对当下农业农村发展的一种探索，正如《黄帝宅经》所指出的："故宅者，人之本，人以宅为家，居若安，即家代昌吉。"可以说美丽乡村的建设使得我国乡村建设满足了广大人民群众"安居乐业"的美好寄托，将美学与生态景观相结合，开拓出一条"良田万亩碧水为伴，屋舍俨然田野牧歌"的新型农业农村发展路径。

在我国漫长的农业发展之路上，尽管美丽乡村可称为一种全新的发展概念，但其延续了几千年来中国乡村建设一贯秉承的"国以民为本，民以食为本，衣食以农桑为本"的农业思想。这就要求在美丽乡村建设规划过程中因地制宜、以人为本，既满足国家发展宏观方向，又能协调当地农民的实际需求。经历了十余年的发展，我国美丽乡村建设积累了一系列的丰富实践。

编写本书的张天柱与李国新两位专家对美丽乡村规划有着深刻的理解，使得本书对美丽乡村的创建背景研究和发展规律，以及具体创建规划，如：产业规划、村庄布局、建设风貌、景观打造、基础设施规划等展开了诸多宝贵的实践和技巧介绍，回答了"为何建设美丽乡村，如何建设美丽乡村以及未来如何运营维护"等一系列问题。但这不仅仅是一本简单地介绍美丽乡村建设的"说明书"，其更重要的意义在于详细诠释了美丽乡村建设过程中"以产业打造为基础、以环境改造为过程、以文化挖掘为根本的精制、精准、精美规划"的理念与内涵，一如两位作者字里行间所阐述的"天人合一"的农业发展哲学，将随着读者的阅读谙熟于心。本书所选取的案例涉及全国各个地区，其分析过程生动详实，立足于当下并能着眼于未来，具有极高的应用价值。本书研究视野开阔，研究起点较高，无论对推进新农村建设的理论研究，还是下一步新农村建设的实际工作，都有一定的指导意义。

"晨兴理荒秽，带月荷锄归"是"美丽乡村"诗意愿景的表述，本书的付梓，可以说为这种愿景的实现提供了一种现实层面的载体和实践手段。

且为序。

魏玉祥

2017 年 10 月

序　三

当我看到本书样稿时，瞬间就被书中独特的观点、新颖的理念所吸引，也为书中编辑的丰富的美丽乡村规划建设案例所感动。习近平总书记强调的"看得见山、望得见水、记得住乡愁"，十九大提出"产业兴旺、生态宜居、乡风文明、治理有效、生活富裕"振兴乡村战略的总要求，在美丽乡村规划案例中都有不同层面的体现。美丽乡村建设是当下比较"火"的领域，不仅仅因为其受到了政府部门和全社会的高度关注，更因为无数成功案例实实在在、真真切切地呈现在了我们眼前，特别是广大农民群众在美丽乡村建设过程中获得了实实在在的幸福感，也让所有接触这些案例的人获得了对乡村前所未有的自信。

2008 年，浙江省安吉县出台《建设"中国美丽乡村"行动纲要》，自此拉开了中国美丽乡村建设的序幕。仅仅两年之后，安吉"中国美丽乡村"建设模式正式成为"国家标准"和省级示范，被授予全国唯一的县级"最佳人居环境奖"。全国各地也在根据各自实际情况，努力探索美丽乡村建设的路径，美丽乡村建设已经成为破解"三农"问题、促进城乡融合发展的重要手段，也必将成为中国进入新时代后乡村全面振兴的重要载体和基础。

张天柱教授敏锐地捕捉到美丽乡村建设的价值和对振兴乡村的重要意义，在长期从事现代农业、农业规划研究和致力于产、学、研推广平台建设的基础上，及时总结和提升了多个美丽乡村规划的实践和经验，汇集成册，就是我们面前的这本《美丽乡村规划设计概论与案例分析》。该书将理论探讨与具体规划案例、建设实例相结合，全面系统地分析了美丽乡村规划设计的理念和基本方法。这是一本面向广大农村规划者、建设者、管理者和从业者的专业书籍，可以看出，本书并非基本常识和案例的简单汇编，而是编者多年美丽乡村规划建设实践经验的升华，书中蕴含着乡村振兴的新理念、新内容、新方法和新措施，具有启发性，也具有很强的操作性。全书体例清晰、内容简洁、图文并茂、通俗易懂，对从事美丽乡村规划建设的政府工作人员、乡村经营管理者以及相关专业人员均具有较高的参考价值。

中国农业大学农民问题研究所　朱启臻

2017 年 10 月

前　言

　　一代大儒梁漱溟先生曾自言一生受到两大问题的支配：一个是中国问题，另一个是人生问题。关于前者，梁漱溟先生把乡村建设作为解决中国问题的良方，并亲自付诸实践，他曾经感叹道："乡村建设运动实是图谋中国社会积极建设的运动"。1931年3月，由其领导的山东乡村建设研究院在山东邹平成立，以理论联系实践的方式探求我国乡建之路。半个多世纪之后的今天，随着政府层面对美丽乡村建设的推动，我国的乡村建设变得越来越炙手可热，建筑、规划、园林、设计、艺术等领域的知识分子纷纷参与进来，希望在这个领域中一展拳脚。北京中农富通城乡规划设计研究院自成立之日起，就以农业、农村、农民问题作为主要研究对象，以"专注三农、服务城乡"为发展理念，通过多年实践，在乡村建设项目方面积累了丰富经验，也早有意愿将项目心得和经验教训与所有对乡建事业怀有敬意的人士分享。

　　本书的编写过程历时两年，数易其稿，希冀带给读者内容丰富、实用性强的作品。全书分为九章，涵盖了美丽乡村规划背景、美丽乡村规划方法、村庄布局规划、产业发展规划、民居建筑规划、乡村景观环境设计、公共服务设施规划、基础设施工程规划、保障措施等方面内容，大部分章节均结合项目实例进行了阐述。全书所引图纸如无特别注明，均出自北京中农富通城乡规划设计研究院相关项目案例。

　　限于水平，书中难免有不妥之处，殷切期望读者不吝指正。

编　者

2017年10月于北京

目　录

第1章　美丽乡村规划背景

1.1　美丽乡村规划的宏观背景

2003 年党的十六届三中全会提出"五大统筹"战略，"统筹城乡"正式确立为指导中国城乡发展的国家战略，标志着我国正式进入城乡一体化发展阶段。党的十六届五中全会首次提出，将建设"生产发展、生活富裕、乡风文明、村容整洁、管理民主"的社会主义新农村，作为未来一段时间内农村工作目标，广大农村得到了充分重视和长足发展。2006 年中央一号文件与以往以"三农"为主题的一号文件不同，首次提出"推动新农村建设"，力求对"三农"进行全方位的支持。十八大进一步将生态文明引入"五位一体"的社会主义建设总布局，描绘出一幅"美丽中国""美丽乡村"的和美画卷。《国家新型城镇化规划（2014—2020 年）》指出："我国已进入全面建成小康社会的决定性阶段，正处于经济转型升级、加快推进社会主义现代化的重要时期，也处于城镇化深入发展的关键时期。"正是由于处在当前特殊的历史阶段，《中共中央关于制定国民经济和社会发展第十三个五年规划的建议》对"十三五"时期的核心建设目标予以明确，即"全面建成小康社会"。习近平总书记在十九大报告中，首度提出了"实施乡村振兴战略"，这是决胜全面建成小康社会、全面建设社会主义现代化强国的一项重大战略任务。当前，城乡二元结构仍是制约城乡发展一体化、全面建成小康社会的主要障碍。因此，未来中央的工作重心仍将会放在"三农"问题的解决上。正如习近平总书记所指出，"我国城乡发展不平衡不协调的矛盾依然比较突出，加快推进城乡发展一体化意义更加凸显、要求更加紧迫。"

美丽中国突出强调了今后的发展建设须树立尊重自然、顺应自然、保护自然的生态文明理念。在美丽中国理念的指导下，2013 年中央一号文件第一次明确提出了建设"美丽乡村"的奋斗目标，以加强农村生态建设、环境保护和综合整治，"中国要强，农业必须强；中国要美，农村必须美；中国要富，农民必须富"成为发展共识。建设美丽中国的重点和难点在乡村，美丽乡村建设既是美丽中国建设的基础和前提，也是推进生态文明建设和提升社会主义新农村建设的新工程、新载体。在这样的背景下，美丽乡村规划成为统筹城乡发展、改变乡村面貌、促进乡村转型发展的重要举措。

1.2 美丽乡村规划的法律体系

为约束乡村发展规划行为，规范乡村规划的编制、管理、实施，进而系统促进乡村建设发展，我国已基本构建起乡村规划建设的法律规范。1993 年建设部颁布《村庄和集镇规划建设管理条例》，标志着乡村规划开始进入规范发展和法治化建设阶段。2007 年十届全国人大常委会议通过了《中华人民共和国城乡规划法》，至此结束了城乡二元的规划体制，乡村规划正式成为法定规划。为进一步规范指导乡村的规划建设，住房和城乡建设部及相关部门陆续颁发了《县域村镇体系规划编制暂行办法》《镇（乡）域规划导则（试行）》《村庄整治规划编制办法》《美丽乡村建设指南》（GB/T 32000—2015）等规范性文件，以及《村庄整治技术规范》（GB 50445—2008）作为乡村规划编制的国家标准。各省、自治区、直辖市政府，皆颁布有地方性法规文件和技术标准，以规范指导当地的乡村规划建设。如表 1-1、表 1-2 所示。

表 1-1　乡村规划和建设的法律法规参考表

法律	《中华人民共和国城乡规划法》（2015） 《中华人民共和国环境保护法》（2015） 《中华人民共和国建筑法》（2011） 《中华人民共和国土地管理法》（2004）
行政法规	《村庄和集镇建设管理条例》（1993） 《建设项目环境保护管理条例》（1998） 《基本农田保护条例》（1999） 《城镇排水与污水处理条例》（2013） 《历史文化名城名镇名村保护条例》（2008）

部门规章和 规范性文件	《县域村镇体系规划编制暂行办法》（2006） 《镇乡域规划导则（试行）》（2010） 《村庄整治规划编制办法》（2013） 《城镇污水排入排水管网许可管理办法》（2015） 《城乡规划违法违纪行为处分办法》（2012） 《城市、镇控制性详细规划编制审批办法》（2011）
国家标准	《村庄整治技术规范》（GB 50445—2008） 《村庄规划标准》（征求意见中） 《美丽乡村建设指南》（GB/T 32000—2015） 《镇规划标准》（GB 50188—2007）

资料来源：笔者整理。

表 1-2　各省村庄规划建设指导文件及技术标准一览表

地名	村庄规划建设指导文件	技术标准
北京市	《北京市村庄规划建设管理指导意见》	《北京市农村社区建设指导标准》
天津市	《天津市村镇规划建设管理规定》	《天津市生态文明村规划建设导则》
河北省	《河北省村镇规划建设管理条例》	《河北省农村社区建设标准》
山西省	《山西省村庄和集镇规划建设管理实施办法》	《山西省村庄建设规划编制导则》
内蒙古自治区	《内蒙古自治区村庄和集镇规划建设管理实施办法》	《内蒙古自治区新农村新牧区规划编制导则》
辽宁省	《辽宁省村庄和集镇规划建设管理办法》	《辽宁省村庄环境治理规划编制技术导则》
吉林省	《吉林省村镇规划建设管理条例》	《吉林省村庄规划编制技术导则》
黑龙江省	《黑龙江省乡村建设管理办法》	《黑龙江省村庄环境综合整治规划技术导则》

续表

地名	村庄规划建设指导文件	技术标准
上海市	《上海市农村村民住房建设管理办法》	《上海市村庄规划编制导则》
江苏省	《江苏省村镇规划建设管理条例》	《江苏省村庄建设规划导则》
浙江省	《浙江省村镇规划建设管理条例》	《浙江省村庄规划编制导则》
安徽省	《安徽省村镇规划建设管理条例》	《安徽省村庄整治技术导则》
福建省	《福建省村镇建设管理条例》	《福建省村庄规划编制技术导则》
江西省	《江西省村镇规划建设管理条例》	《江西省村庄建设规划技术导则》
山东省	《山东省村庄和集镇规划建设管理条例》	《山东省农村新型社区建设技术导则》
河南省	《河南省村庄和集镇规划建设管理条例》	《河南省新型农村社区规划建设导则》
湖北省	《湖北省村庄和集镇规划建设管理办法》	《湖北省村庄规划编制导则》
湖南省	《湖南省村庄和集镇规划建设管理办法》	《湖南省新农村建设村庄布局规划导则》
广东省	《广东省乡（镇）村规划建设管理规定》	《广东省村庄整治规划编制引导》
广西壮族自治区	《广西壮族自治区村庄和集镇规划建设管理条例》	《广西壮族自治区村庄规划编制技术导则》
海南省	《海南省村镇规划建设管理条例》	《海南省村庄规划编制技术导则》
重庆市	《重庆市村镇规划建设管理条例》	《重庆市村级规划编制导则》
四川省	《四川省村镇规划建设管理条例》	《四川省新农村综合体建设规划编制办法和技术导则》
贵州省	《贵州省村庄和集镇规划建设管理条例》	《贵州社会主义新农村建设村庄整治技术导则》

续表

地名	村庄规划建设指导文件	技术标准
云南省	《云南省村庄和建设管理实施办法》	《云南省新农村建设村庄整治技术导则》
西藏自治区	《西藏自治区村庄规划建设指导性意见》	《西藏自治区村庄规划技术导则》
陕西省	《陕西省农村村庄规划建设条例》	《陕西省新型农村社区建设规划编制技术导则》
甘肃省	《甘肃省村庄和集镇规划建设管理条例》	《甘肃省新农村建设规划导则》
宁夏回族自治区	《宁夏回族自治区村庄和集镇规划管理实施办法》	《宁夏回族自治区村庄规划编制导则》
青海省	《青海省村庄和集镇规划建设管理条例》	《青海省新型农村社区规划建设导则》

资料来源：笔者整理。

1.3　美丽乡村建设规划的功能

中国农业大学朱启臻教授在 2015 年"美丽乡村建设新常态与智慧农民培养论坛"的主题演讲中曾将乡村规划的主要功能总结为如下几点：

1. 生产功能

乡村是以从事农业生产为主的劳动者聚居的地方，一般是指从事农林牧渔业为主的非都市地区，表现出农业、农村和农民的人文活动特征。而乡村诞生的根本原因是农业的产生和发展。乡村首先是农业生产的载体，乡村的存在形式契合了农业生产在空间上的需求。所以乡村的存在是为农业生产服务，乡村规划首要实现的就是生产功能。乡村建设必须有利于农业生产、农村手工业的传承和发展。按照城镇的建设思路改造乡村，不仅改变了农民发展生产和农业的初衷，而且丧失了乡村的基本功能。

2. 生活功能

随着城市化进程的加快，乡村地域范围正呈现出逐渐缩小的态势，乡村作为人类与自然长久以来相互作用的产物，是除城市以外，人类生产生活的主要空间地域。乡村舒适休闲的乡土环境，能够缓解城市环境带给人们的压力，随着城市病的出现，人们越来越意识到乡村的生活价值，乡村也越来越吸引都市人群去度假休闲。目前各地正在大力发展的养生养老型乡村社区就是乡村生活功能的重要体现。

目前在乡村规划建设时存在一定误区，一些规划师会把乡村的休闲旅游功能放到首位，忽略了当地农民的生活诉求，从可持续发展的视角来看，应首先考虑改善农民的生活条件，让农民享受幸福宜居的乡村生活。

3. 生态功能

乡村是生态系统的主要组成部分，不仅有生态的理念、信仰低碳的生活方式，还有长期以来自发形成的循环利用的生态链条。目前我国乡村建设已经取得了较大的成就，但随之也给乡村生态系统带来了一系列的问题，有的农村的循环利用链条被消灭掉了，特别是种植业、养殖业之间的循环利用链条消失了，生产生活的循环链条被切断了，影响了乡村居民的健康生活、社会主义新农村建设目标的实现以及城乡社会经济的可持续发展。

以自然资源为主体的乡村生态系统高度敏感，也极度脆弱，因此在规划过程中应严格保护好原有的农田、林地、水体等传统乡村空间，避免生态平衡系统遭到破坏，通过建设生态型乡村来改善农村环境、提高农村居民生活质量，从而促进乡村的可持续发展。

4. 文化传承功能

乡村的价值不仅表现在乡村的生产功能、生活功能与生态功能，也表现在乡村的文化功能上。乡村是文化的根，中国的传统文化主体是乡村文化，而乡村文化存在于乡村，其文化传承是美丽乡村建设最重要的意义。乡村文化有其不可替代的价值，是中国传统文化的重要组成部分，而乡村则是传统文化的根基所在。如果不理解乡村的文化载体意义，就会在乡村规划建设过程中破坏乡村文化。目前，有的地方在美丽乡村改造过程中不仅没有传承文化，还丢失掉乡村原有的文化，规划师不懂民族文化和乡村文化，很多规划设计都一味地参照城市规划的做法，出现"不伦不类"的蹩脚景观，失去了乡村的精神内涵。

5. 文化教化功能

乡村还有一个重要的功能，就是对人的教化。它使一个自然的人变成一个对社会有用、知书达理的人。在对人的教化方面，乡村具有不可替代的作用。近年来，人们忽视了教化的作用，仅仅用教育来代替教化，同时又忽视了家庭和社会教育，把教育理解为狭义的学校教育。在很长一段时间里，把学校喻化成了升学机构，既无教育功能，更无教化功能。教化在乡村里面是通过文化来起作用的，凡是影响乡村居民行为的因素都属于乡村文化范畴。乡村的教化途径很多，教化的内容和手段也是综合的，可以通过家风、村规民约、节日习俗、农业劳动等方式来实现，这些是学校教育无法比拟的。各个地方在美丽乡村创建过程中，对教化途径进行了很多创新，如文明评选、"文明户"评选、文化墙、文化大院、文化"驻乡"、新乡贤协会等创建，促进乡村重自然、邻里和睦、家庭和谐等，弘扬尊老爱幼，为农村培养了留得住的文艺人才，对乡村文明都有着现实的促进意义。

此外，美丽乡村建设具有实践指导意义，让蕴藏大量景观资源的乡村重新挖掘出新特色，实现"一村一品，一村一韵，一村一景"。把乡土特色、地方文明和历史文脉的乡村景观传承下来，让村民重新"看得见山，望得见水，记得住乡愁"。深挖乡村特色，使乡村景观的完整性和人文特色着重体现，正确引导乡村的建设与发展，这些具有重大现实意义。

1.4　美丽乡村规划类型

建设美丽乡村始于"安吉模式"。"安吉模式"是 2008 年浙江省安吉县在新农村建设中提出的，它以建设生态文明为前提，以打造农业强、农村美、农民富、城乡和谐发展的中国美丽乡村为目标。在此基础上，国家依托"一事一议"财政奖补政策平台启动了美丽乡村建设试点，将浙江、贵州、安徽、福建、广西、重庆、海南 7 省（自治区、市）作为国家首批推进省份。到 2013 年底，在全国 130 个县（市、区）、295 个乡镇确定了 1146 个乡村作为美丽乡村建设试点。依据近几年我国乡村发展方式的差异，可将美丽乡村规划的模式分为三类：整治型乡村规划、保护型乡村规划、新建型乡村规划。

1. 整治型乡村规划

整治型乡村规划主要在农村脏、乱、差问题突出的地区，其特点是农村环境基础设施建设滞后，环境污染问题严重，农民对环境整治的呼声高、反应强烈，例如广西壮族自治区恭城瑶族自治县莲花镇红岩村。整治型乡村规划重点在村容村貌整治、基础设施和公共服务设施的建设等方面进行规划建设，基本不涉及村庄搬迁和建设用地流转，其目的是通过整治项目以改善农村内部人居环境和生产条件，进而促进村庄的经济发展与社会进步。在实践过程中，该类规划虽广受村民欢迎，但也存在着项目选择、地块选址以及建设规模等不符合村庄发展需求等自上而下规划导致的典型弊端。此外，还广泛存在着因建设资金不到位、缺乏相应政策配套等问题，乡村整治规划虽编制完成，却难以实施。

2. 保护型乡村规划

保护型乡村规划主要在生态优美、环境污染少的地区，其特点是自然条件优越、水资源和森林资源丰富，具有传统的田园风光和乡村特色，生态环境优势明显，把生态环境优势变为经济优势的潜力大，适宜发展生态旅游。例如浙江省安吉县山川乡高家堂村。保护型村庄规划是指对历史文化名村以及传统村落开展的专项保护规划。我国历史文化名镇名村保护始于 20 世纪 80 年代。1982 年以来，国务院先后公布了国家历史文化名村 276 个，各省、自治区、直辖市人民政府公布的省级历史文化名镇名村已达 529 个。2012 年 4 月，住房和城乡建设部、文化部、国家文物局、财政部联合启动了中国传统村落调查，调查结果表明我国现存的具有传统性质的村落近 12000 个。在保护型规划中，最突出的问题是如何处理好保护与发展的关系。目前编制的许多规划，可以在技术上很好地保护历史建筑和古村落文脉，以及非物质文化遗产。但是，在保护的同时如何满足村庄居民生活现代化发展的需要，仍是没有完全解决的规划难题。正因如此，许多自上而下开展的技术性村庄保护规划实施困难。

3. 新建型乡村规划

新建型乡村规划大多是地方政府以城乡建设用地增减挂钩政策为依据，以统筹城乡发展为目标而开展土地整理项目，进而兴建新型农村社区。这种模式通过农村建设用地的整理和新农村聚居点的建设，实现了农村的集中居住，农民居住条件普遍得以改善。但在后续保障方面，不同地区存在差异，致使乡村规划的实施效果也不尽相同。在该模式下，政府利用建设用地指标流转的资金，改善了农村基础设施和公共服务设施。有些地区还配套城乡社会保障一体化、就业培训、中小学师资建设等制度和政策体系的改革，并通过市场化手段建立起城乡通融的发展机制，在城乡之间建立起良性循环。但是，也存在一些地区的农村，在新居建设后，没有配套促进城乡统筹发展的机制，农村的公共服务"软件"没有跟上，使得城乡割裂和城乡对立的局面没有得到根本改善，农村依然落后。更有甚者，一些地方政府以获取建设用地为主要目标，强行推进城乡建设用地增减挂钩项目，甚至违背村民意愿进行整村拆并。农民被迫集中居住，还不得不大额度贷款建设新居，搬迁的过程意味着农民返贫的过程，在很大程度上激化了社会矛盾，并扩大城乡居民生活质量差距，加深了城乡二元结构，使农村失去了发展的活力。

1.5　美丽乡村规划存在的问题

我国乡村景观建设经验丰富且成绩显著，到目前为止，全国有 90% 乡镇完成了乡镇规划，81% 的小城镇和 62% 的村庄编制了建设规划，县域城镇体系规划编制工作基本完成。目前，各地开展美丽乡村建设基本模仿城镇化建设模式，将城镇建设样板移植到农村，导致"千村一面"情况严重，农村特色丧失、农业文化割裂。2013 年，国务院农村综合改革小组办公室，对首批美丽乡村建设试点进行调查研究。当前我国美丽乡村规划建设存在的问题可归结为如下三方面。

第一，规划建设"见物不见人"。由于对美丽乡村建设本质内涵的理解不足，各个层级的政府和职能部门，在规划建设时往往只重视项目周期较短的基础设施和房屋改造等效果明显的物质性规划，但在文化、产业等"软实力"提升方面缺乏积极性和行动力。

第二，部门之间缺乏协调性。根据各地实践经验表明，美丽乡村规划建设工作涉及的部门较多，组织协调难度较大。由于缺乏统一协调的顶层设计和政策指导，现实情况通常是各部门和不同参与主体各自为营，难成合力。

第三，社会力量参与不足。许多地方在进行美丽乡村建设时，没有积极探索如何引入市场机制、如何发挥社会力量的作用，导致财政压力巨大，建设资金不足。此外，许多美丽乡村建设项目缺乏对广大村民的参与动员，没有调动起村民群众的积极性，使得部分乡村规划编制脱离实际，难以实施，即便建设落地也无法良性运营。

第四，土地利用率低下、资源配置低效。研究学者刘黎明指出，我国处于乡村景观转变期，即适应农业现代化下的乡村景观现代化策略、景观规划格局变化。在有效的资源配置下，乡村土地利用必将有改变，景观规划在大的区域要求下，需要挖掘乡村景观资源价值，在这方面我国还没有形成相应的规划体系，存在很多问题。

1.6 乡村发展存在的问题

改革开放 30 多年来，我国取得了举世瞩目的发展成绩。在 30 多年的时间里，我国完成了发达国家 200～300 年才能实现的历史任务，虽成绩斐然，但其负面影响也不容忽视。我国在高度"时空压缩"的现代化路程中，农村在做出巨大贡献的同时，也在长期城乡二元体制的不平等对待下患上了严重的"乡村病"。乡村的产业、社会、文化、建设和管理等多领域均长期滞后于城市地区。

1. 乡村经济产业方面

由于长期受城乡二元体制制约，乡村产业发展所需的基础设施、专项投入、人力资源均存在亏欠，而传统农业经济也面临着来自不断抬升的生产成本和受国际农产品市场影响而持续走低的销售价格这两方面压力的双重挤压，产业发展动力不足，由此乡村的产业面临着一定程度的衰退。

2. 乡村社会人口方面

随着工业化和城镇化进程的快速推进，农村大量青壮年劳动力不断进入城市，农村留守老人、留守妇女、留守儿童三类人群的数量快速增加，总体呈现出人口主体老弱化、村庄社区空心化、农村社会持续失序等问题。

3. 乡村文化方面

在城市文化的冲击下和重城轻乡理念的影响下，我国的乡村文化正处于消逝状态，传统村落和乡土特色的保护面临空前危机。

4. 基础设施和基本公共服务建设方面

在乡村配置方面，一些公共基础设施和公共服务设施缺失，资源配置分配不平衡，大部分的培育提升村建设工作主要停留在"拆旧拆破、立面出新"层面，建设工作的内涵还不深入。基础设施建设大多没有同步建设、及时配套，特别是绿化、美化、亮化、污水处理、垃圾无害化处理等推进不到位。

5. 环境方面

环境整洁是美丽乡村建设成效的主要指标。而要巩固环境整治的成果，却面临诸多困难。一是公共卫生保洁难：农村面广，尤其是乡村旅游发展，游客增加，这给农村保洁带来了难度；二是公共设施维护难：由于资金等各方面原因，农村环卫设施得不到及时更新和修理；三是乱搭乱建制止难：自"三改一拆"行动以来，农村乱搭乱建等违章建筑虽得到了抑制，但如长效管理机制不建立，随时会出现反弹；四是生活习惯改变难：村民虽然切身感受到村庄整治后生活环境的变化，但是其长期以来形成的生活、卫生习惯，制约了其长期保持良好环境卫生状况的意愿。

当前，我国经济进入新常态，新型工业化、信息化、城镇化、农业现代化持续推进，农村经济社会深刻变革。我国乡村地区作为经济发展的重要贡献者，长期扮演着现代化进程中的稳定器和蓄水池角色。根据国家统计局统计数据显示，截至2014年底，我国的城市化率已达54.77%。处于快速城市化的特殊历史时期，乡村的社会、经济、文化、管理等各个方面皆变迁激烈，接下来一段时间的乡村发展工作，仍旧任重道远、挑战重重。

1.7 我国乡村未来的发展趋势

基于城乡一体化和新型城镇化的国家战略要求，我国的乡村建设将长期作为社会主义事业的重要内容。根据 2015 年 11 月中共中央办公厅、国务院办公厅印发的《深化农村改革综合性实施方案》，未来我国农村仍将面临全面的深化改革，改革方向涉及农村集体产权制度、新型农业经营体系、农业支持保护制度、城乡一体化体制机制等方面。2017 年 10 月，十九大报告提出了实施"乡村振兴战略"的总要求，即：坚持农业农村优先发展，努力做到"产业兴旺、生态宜居、乡风文明、治理有效、生活富裕。"这是在深刻认识城乡关系、变化趋势和城乡发展规律的基础上提出的重大战略。乡村不应再处于从属地位，而是应该和城市处在平等地位，与城市发展互相联系、互相促进，城市和乡村是命运共同体。

现阶段乡村功能已由传统城镇化时期单一提供农产品，拓展提升为生态保护、文化传承教化、人居环境和产品生产的复合。乡村所承载的功能越来越多，所要满足人们的需求越来越多，因而，集约高效的乡村生产空间、宜居适度的乡村生活空间和山清水秀的乡村生态空间将是未来乡村的总体面貌，"看得见青山绿水，记得住乡愁"也将会是乡村的整体特征。

在全球经济再平衡和产业格局再调整的背景下，全球供给结构和需求结构正在发生深刻变化，庞大生产能力与有限市场空间的矛盾更加突出，国际市场竞争更加激烈，我国面临产业转型升级和消化严重过剩的挑战巨大，未来的乡村经济将持续进行产业结构优化升级，新型农业经营主体会成为乡村产业发展的主体力量，并实现现代农业体系构建和一二三产融合发展。

随着乡村规划体系的不断完善，相应的乡村规划标准也将作为考察美丽乡村的标准而不断规范化。村民对于乡村有足够的话语权，乡村治理制度会不断完善。政府、村民等多元主体合作治理，为建设产业持续、社会和谐、环境宜居的乡村注入不竭动力。

综上所述，我国美丽乡村发展的总体趋势呈现为四点：乡村功能综合化；乡村环境绿色化；乡村经济多样化及农业现代化；乡村社会治理结构多元化。

参考文献

[1] 朱启臻·美丽乡村与村落教化[EB/OL].[2015-04-07].http：//www.zgxcfx.com/Article/84163.html.

[2] 言欢.美丽乡村规划建设探讨[J].建筑工程技术与设计，2015(19).

[3] 李媛媛.浅析中国乡村景观及乡村景观规划[J].农家科技，2015(9).

[4] 张艳明，马永俊.现代乡村生态系统的功能及其保护研究[J].安徽农业科学，2008，36(6)：2517-2519.

[5] 张艳明，马永俊.现代乡村生态系统的功能及其保护研究[J].安徽农业科学，2008，36(6)：2517-2519.

[6] 王卫星.美丽乡村建设：现状与对策[J].华中师范大学学报：人文社会科学版，2014(1)：1-6.

[7] 钱春弦，王宇.中国要美，农村必须美[J].新农村(黑龙江)，2015(5)：17-17.

[8] 刘彦随，周扬.中国美丽乡村建设的挑战与对策[J].农业资源与环境学报，2015(4)：97-105.

[9] 国务院.国家新型城镇化规划(2014—2020年)[EB/OL].[2014-03-16]http：//www.gov.cn/gongbao/content/2014/content_2644805.htm.

[10] 许玲.大城市周边地区小城镇发展研究[M].陕西人民出版社，2006.

[11] 郑向群.我国美丽乡村建设的理论框架与模式设计[J].农业资源与环境学报，2015(4)：106-115.

[12] 刘黎明.乡村景观规划的发展历史及其在我国的发展前景[J].农村生态环境，2001，17(1)：52-55.

[13] 韩俊.《深化农村改革综合性实施方案》再解读[J].云南农业，2016(7)：5-7.

[14] 杜思耘.国家新型城镇化规划(2014—2020年)[J].时事资料手册，2014(003)：50-50.

[15] 耿慧志，孙文勇.乡村发展及规划的主要法律规范[J].ll乡村规划——规划设计方法与2013年度同济大学教学实践，2014.

第 2 章 美丽乡村规划方法

我国自古以来就是农业大国，费孝通先生曾在《乡土中国》一书中，将我国的社会结构判定为乡土社会，并由基础单位——村落构成。历史悠久的农耕文明造就了今天的乡土社会，进而影响了我国形态各异的村庄形成。从城乡规划的视角来看，乡村人口较为分散，规模较小，但是乡村规划建设却远比城市建设更为复杂。一般来说，乡村规划设计是集产业提升、民居营造、社会发展、文化保护、民俗延续、景观美化等于一体的综合设计，涵盖了社会学、经济学、建筑学、农学、旅游学、人类学等学科。

所有的乡村规划都是集土地规划、空间规划和发展规划为一体的"三规合一"形式的规划，从土地功能的利用到乡村空间的规划，再到社会经济的发展，均处于相互制衡的状态中。从这个角度看，乡村规划立足于生产、生活和生态三方面，其规划目的是建设"生态宜居、生产高效、生活美好、人文和谐、机制完善"的发展模式，让农村人乐在其中、让城市人心驰向往。为更好地指导美丽乡村规划建设，本章对乡村规划的布局原则、六大要素、技术路线、设计内容、调研分析方法进行了梳理和阐述，并借助规划院实例介绍，剖析了乡村规划的一般方法。

2.1　乡村规划原则

1. 坚持政府引导，村民参与

发挥政府引导作用，充分尊重农民意愿，始终把维护农民切身利益放在首位，把群众认得上、群众跟着干、群众能满意作为根本要求，切实维护农民利益，保障农民权益。村庄规划编制应深入农户实地调查，宣讲规划意图和规划内容，充分征求意见，保障村民的参与权，以便充分调动广大农民群众自觉参与美丽乡村建设的积极性、主动性和创造性，依靠群众的智慧和力量建设美好家园。村庄规划应经村民会议或村民代表会议讨论通过，规划总平面图及相关内容应在村庄显著位置公示，经批准后公布、实施。

2. 坚持因地制宜，城乡一体

根据乡村资源禀赋，因地制宜编制村庄规划，注重传统文化的保护和传承，维护乡村风貌，突出地域特色。村庄规模较大、情况较复杂时，宜编制经济可行的村庄整治等专项规划。历史文化名村和传统村落应编制历史文化名村保护规划和传统村落保护发展规划。统筹推进新型城镇化和美丽乡村建设，努力消除城乡二元经济结构的体制障碍，切实缩小城乡居民收入分配差距。加快基础设施建设，推进公共服务向农村延伸覆盖，不断夯实农业农村发展基础，着力构建城乡经济社会发展一体化新格局，努力实现中心村、小城镇、小城市与中等城市协调发展。

3. 坚持整体规划，合理布局

修编完善整个村庄布点和村镇建设规划，科学编制美丽乡村建设全域性规划，切实增强规划对建设的指导性和执行性。要做好与镇域规划、经济社会发展规划和各项专业规划的协调衔接，科学区分生产生活区域，功能布局合理、安全、宜居、美观、和谐，配套完善。结合地形地貌、山体、水系等自然环境条件，科学布局，处理好山形、水体、道路、建筑的关系。坚持"面上打基础，点上求突破"的总体要求，抓住城镇化建设、扶贫开发、产业布局调整、重点项目搬迁安置等发展机遇，积极开展美好乡村建设试点，通过以点带面、分步实施，逐步扩大美丽乡村建设覆盖面。

4. 坚持产业发展，农业为本，旅游、加工物流等二三产业协同发展

以发展现代农业为总方向和基调，积极引入二三产业，加速培育和壮大农村先进生产力，做大块状经济，做强特色产业，做优品牌产品，为美丽乡村建设提供物质保障和经济支撑。可以引入其他产业，实现一二三产业融合的长足发展。根据乡村自然条件、地形地貌、区域市场、交通条件、历史文化、村民习俗等实际情况，科学判定、选择产业类型，宜产则产，宜游则游，不可一刀切。

5. 坚持特色发展，分类指导

乡土特色是乡村的灵魂，不可剥夺。准确把握每个村庄的地形地貌、自然水系等地理因素和历史遗存、风土人情、风俗习惯等人文因素，注重保护地方特色，体现建筑个性和文化风格，防止大拆大建、千村一面。在特色的基础上，挖掘、保护、利用、创新，才能够给乡村带来新的生命，当地的居民可回归熟悉而又温暖的乡土文化，真正创造出"一村一品"的精神面貌。立足自身特殊县区情和资源禀赋，结合农村自然环境和地域文化，合理进行区域布局，突出功能配套，使美丽乡村建设契合当地的文化传统、农村的生产生活特点和农民的风俗习惯，突出特色发展。

6. 坚持节约用地，协调推进

村庄规划应科学、合理、统筹配置土地，依法使用土地，不得占用基本农田，慎用山坡地。公共活动场所的规划与布局应充分利用闲置土地、现有建筑及设施等。各级各部门加强协调配合和相互联络，健全完善会商交流和督促考核机制。发挥乡、村两级组织在美丽乡村建设中的主导作用，承担和实施好各项建设任务，形成上下联动、分工负责的工作推进机制。

7. 坚持以人为本，可持续发展

对于乡村来说，人是核心，发展是根本诉求。乡村的经济发展不能以牺牲环境为交换条件，必须保护好现有资源，并且重新考虑人与环境、生产与环境的关系，实现资源可持续利用。

2.2 乡村规划要素

乡村规划涉及面广，江苏省城镇与乡村规划设计院院长梅耀林等人立足于乡村规划与城市规划的多重差异，从认知与方法层面提出了以实用为导向的乡村规划编制要求，界定了实用性乡村规划的核心要素体系，即"人、地、产、居、文、治"。

乡村规划的核心在于"人"。在规划时要因"地"制宜，才能真正做到一村一品，融入不了"产"业的规划最终是不能落地的，而"居、文、治"这三个元素，是村民生活的保证和乡村文化的延续，同时也是美丽乡村规划最终要实现的核心部分。图 2-1 是以某乡村规划为例，对乡村系统及要素作出的分析图。从图中可以看出,乡村规划需要考虑产业和社会经济情况,对空间进行合理分析和利用,利用国家政策和其他支撑体系推动,最终实现人与自然的和谐发展。六大要素在规划过程中互相制约、互为动力,最终方能实现均衡健康的发展。

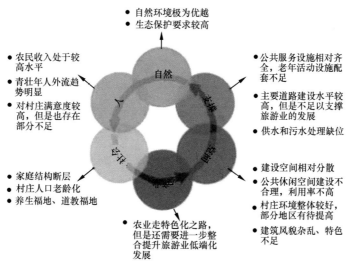

图 2-1 乡村系统及要素分析

2.3 规划技术路线

通过对乡村规划背景及区域解读,确定战略思路,制定村庄规划方案,确定产业发展方向,在具体方案实施阶段,完善基础设施规划,核算投资效益,提升运作模式,如图 2-2 所示。

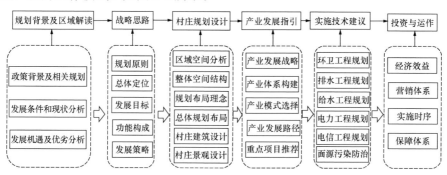

图 2-2 美丽乡村规划设计技术路线图

17

2.4 规划设计内容

2.4.1 规划内容

根据不同村庄的特点与要求，美丽乡村规划重点可确定为村庄改造、古民居保护、河道生态治理、中小河道轮疏、生活污水和垃圾处理、村内道路改造、危桥危井危旧房改造、产业提升等方面。一般包括以下规划内容：

1. 规划基本要求

编制规划应以需求和问题为导向，综合评价乡村的发展条件，提出村庄建设与治理、产业发展和村庄管理的总体要求。规划图文表达应简明扼要、平实直观。

2. 规划战略定位

综合分析规划用地的空间格局、道路交通、地形条件、自然资源等，依据总体规划确定本项目的总体定位、发展目标、规划理念，突出规划特色。编制内容包括规划原则、规划定位、发展目标、功能构成、发展策略等。

3. 规划总体方案

确定项目区总平面规划布局。统筹土地、资源、产业、基础设施等情况，确定整体空间形态，提出总平面详细规划布局和功能结构。编制内容主要包括区域空间分析、整体空间结构、规划布局理念、总体规划方案等。

4. 产业规划

主要包括产业发展战略、产业体系构建、产业模式选择、产业发展路径、重点项目推荐等。

5. 村庄规划

细化村庄功能分区建设内容，确定分区内具体建设项目的用地位置、用地规模、平面布局、建筑面积，表达建设项目及主要建筑规划设计意向。

6. 建筑设计

统筹村民建房、村庄整治改造，并进行规划设计，包含建筑的平面改造和立面整饰。编制内容可包括建筑分类指引、建筑改造设计、民居建筑改造效果、建筑结构加固指导、村庄重点建筑设计等。

此外，对于人文历史条件较好的古村，应确定村庄传统民居、历史建筑物与构筑物的保护与利用措施。

7. 景观设计

分析绿化景观系统，确定乡村生态环境景观空间格局，表达主要景观节点、湖泊水面、园林小品、生态色彩、植物配置等规划设计意向。编制内容一般包括景观设计分类、庭院景观设计、道路景观设计、水岸景观设计、景观节点设计等。

8. 公共服务设施

确定村民活动、文体教育、医疗卫生、社会福利等公共服务和管理设施的用地布局和建设要求。确定生态环境保护目标、要求和措施，确定垃圾、污水收集处理设施和公厕等环境卫生设施的配置和建设要求。

若乡村计划发展旅游产业，还应确定游憩设施系统规划。根据总平面及道路系统规划布局，细化游憩路线及标识、导游等配套服务设施，表达游憩设施规划设计意向。

9. 基础设施规划

主要编制内容包括道路工程规划、环卫工程规划、排水工程规划、给水工程规划、电力工程规划、电信工程规划、防灾工程规划、面源污染防治等。

（1）应确定项目区内各级道路的红线位置、道路线型、道路横断面、路口转弯半径。确定停车场、广场、主要出入口的位置、范围及规划设计意向。

（2）应确定项目区农田水利、给排水、电力、电信等工程管线的需求量、平面布置、走向及管径等；布局环卫工程设施，提出生态保护措施；确定村域道路、供水、排水、供电、通信等各项基础设施配置和建设要求，包括布局、管线走向、敷设方式等。

（3）应确定项目区竖向工程规划，确定项目区内不同地面的标高、主要道路路口标高、坡度和坡向，确定用地自然排水的方向、挡土墙、排水明沟等。

（4）应明确村庄防灾减灾的要求，做好村级避灾场所建设规划；对处于山体滑坡、崩塌、地陷、地裂、泥石流、山洪冲沟等地质隐患地段的农村居民点，应确定搬迁方案。

10. 投资估算

估算项目总投资，并对经济、社会、生态效益进行分析。

11. 开发运营

确定项目区的近远期开发时序，提出运营模式建议。

2.4.2 规划图纸

如表 2-1 所示。

表 2-1 规 划 图 纸

序号	规划图纸	序号	规划图纸
1	区位分析图（经济、交通）	17	游憩线路规划图
2	高程分析图	18	游憩设施规划图
3	坡度分析图	19	景观绿化系统规划图
4	道路现状分析图	20	建筑景观节点效果图（2～3张）
5	水资源现状分析图	21	园林小品、生态色彩、植物配置意向图
6	产业现状分析图	22	总平面定位图
7	土地利用现状图	23	竖向工程规划图
8	综合风貌分析图	24	农田水利工程规划图
9	用地价值分析图	25	给水工程规划图
10	规划理念解析图	26	排水工程规划图
11	总平面规划图	27	电力工程规划图
12	鸟瞰效果图	28	电信工程规划图
13	功能结构分析图	29	环卫工程规划图
14	产业分区规划图（若干）	30	燃气工程规划图
15	道路交通系统规划图	31	供暖工程规划图
16	道路断面图及意向图	32	开发时序规划图

2.4.3　村域规划

目前已有的乡村规划多数是简单采用城市规划体系和编制技术，停留在对居民点的控制上，并没有结合农村、农民特点，规划包含乡村生产、生活、生态、文化、社会等方面的发展体系，鉴于此，下面对村域规划建设的主要内容进行阐述。

村域规划应包括对行政村所辖范围内的产业布局规划，根据乡镇域总体规划，评价村庄的发展条件，确定村庄的类型、性质规模和发展方向，提出村庄经济组织合作方式建议、经济社会发展目标、农民增收的途径以及农民社会生活的建设目标和措施，对经济社会发展做出评价和预测。在村域范围内确定公路、铁路、河流、水渠、电力电缆、供热、燃气、变电站、给排水、防洪堤、垃圾处理等基础设施的位置及走向，同时应根据乡镇土地利用总体规划，判定村域的禁止建设区、非农建设区、控制发展区。

禁止建设区是指基本农田、具有生态价值的自然保护区、水源保护地、历史文化古迹保护区、具有鲜明地方特色的自然和人文景观区、重要的防护绿地、国道和省道两侧的控制区，禁止建设区要禁止一切建设活动。

非农建设区是指村庄建设用地和村域内其他非农建设用地，开发建设项目及采矿、采砂等活动依法批准后，可以在非农建设区内进行。

控制发展区是指除禁止建设区和非农建设区以外的村域土地，在控制发展区进行非农建设项目开发，必须经过国土资源部门同意后报规划部门批准才可以进行建设。

村域规划编制包括总体规划与专项规划两部分，其中，总体规划包括村域规划和村庄建设规划；专项规划包含了饮水安全、道路硬化、垃圾处理、厕所改造、村庄绿化、民居改造、污水处理、土地整理、公共墓地建设、厨房改造和秸秆处理、新能源利用、村民服务中心建设、标语广告整治、村庄标志设计、传统文化保护开发等方面的内容。具体如下：

1. 确定村庄总体布局

根据山区、平原、沿海村庄区域工程地质条件，综合评价建设用地安全性。村庄总体布局应注意保持、保护原有村庄形态和道路肌理，按照集约节约用地的原则，统筹安排好农业生产设施用地、居住用地、公共服务设施和各项基础设施用地。提出"空心村"治理措施。村庄一般不安排工业用地，个别有工业的村庄，应协调好工业用地与居住用地的关系。

2. 确定村庄整体景观风貌

在分析山区、平原、沿海地区农村传统建筑特点及地域文化的基础上，提炼具有地域特色的代表性符号，明确村庄主色调、建筑形式与建筑风格。结合村庄周边山体、河渠、林地等自然环境及农田，制定村庄与环境协调的整治提升措施。

3. 完善村庄基础设施

根据山区、平原、沿海村庄地形地貌等自然环境特点，确定道路、供水、排水、供电、电信、燃气、供热、垃圾处理、新能源利用、雨水排放、防洪等基础设施的规模、位置和管线改造提升方案，做到切实可行，适宜农村特点。

4. 提升村庄公共服务设施

确定村庄文化教育、医疗卫生、商业服务、集贸设施、体育娱乐等各类公共服务设施的位置、规模。根据村庄规模和村民实际需求，村民服务中心可集合村委会、党员活动室、图书阅览室、老年活动室、卫生室、健身娱乐场所、信息服务站、露天剧场和农村超市等内容。

5. 提出安全防灾要求

结合小学操场、空闲地，设置应急避难场所；确定村庄主要交通道路为疏散通道和救援通道；明确村庄消防设施布局；明确存在地质安全隐患、水患村庄用地布局调整措施。村委会、学校、卫生室、养老院、公共活动中心（场所、设施）等重要公共设施选址必须避开具有地质灾害隐患的地段。

6. 提出村庄污染治理措施

提出集中治理乡村污染源的措施，严格执行污染物排放标准，继续开展农村环境连片示范工程。提出严格保护水源地的措施，严禁高污染行业到水源保护区、江河源头区及水库库区落户。加强农业面源污染治理，开展农业清洁示范区建设，综合利用清洁种植、清洁养殖和废弃物资源化利用等技术，实现田园（养殖区）清洁、水源清洁和家园清洁，全面改善农村生态环境。

7.编制投资估算

根据村域专项规划设计，提出投资估算。

2.5　规划调研分析

2.5.1　调研方法

美丽乡村规划调研的首要阶段就是调研分析，常用的调研方法主要有现场踏勘调查或观察调查、抽样调查或问卷调查、访谈和座谈会调查、文献资料的运用等。

1.现场踏勘调查或观察调查

这是美丽乡村规划调研中最基本的手段，可以了解乡村中各类活动与状态的实际状况。主要用于村庄土地使用、空间使用等方面的调查，也可用于道路及市政情况等方面（图 2-3）。

(a)　　　　　　　　　　　　　　　　　(b)

图 2-3　美丽乡村现场踏勘调查

2.抽样调查或问卷调查

在美丽乡村规划中针对不同的规划问题以问卷的方式对村民进行抽样调查。这类调查涉及许多方面，如针对村委会，可以包括对村庄的经济状况、基础设施情况、四化四改状况的评价，也可包括村民对其居住地区环境的综合评价、改建的意愿、居民迁居的意愿、对村庄设计的评价、对公众参与的建议等。图 2-4 是某乡村建设调查问卷的具体形式。

<u>　×　×　</u>村美丽乡村建设调查问卷

您好！我们是　×　×　规划院 的，目前正在进行　<u>×　×</u>　村美丽乡村建设的研究工作。
为全面了解本村基本情况，以及群众对美丽乡村建设的意愿，特开展此问卷调查，结果仅
用于数据统计和研究，您的答案我们将严格保密。感谢您的支持！

第一部分　基本情况

性别：☑男　　□女　　　　年龄：_70___　　　　身份：☑本地村民　□外来人口

教育程度：☑初中以及下　　□高中或高专　　□本科或大专　　□研究生及以上

家庭收入的主要途径：☑种植业　　□养殖业　　□家庭副业　　□本地乡村企业收入
　　　　　　　　　　☑外出打工经商　□其他

家庭年净收入：_8000___

第二部分　农业生产情况及土地流转意愿

1. 当前，您在进行农业生产时遇到的最大困难是什么？

☑没有足够的钱干事　　☑缺少生产技术支持　　□生产的产品卖不出去

☑农药、化肥、机械耕作等太贵　　□家里人手不够　　□不知道生产什么赚钱

□土地太少　　□其他_____　　□我不从事农业生产

2. 您认为针对你们村特点，最适合进行的生产是：

□农作物生产　　☑经济作物生产　　□旅游业　　□养殖业　　□其他副业

3. 您认为村里相对更有发展前景的经济作物或种、养殖的品种有哪些？_____
　　　　　　　　　　_____

4. 您对农用地统一流转的意愿：

□愿意，一次性补偿　　☑愿意，土地入股分红　　□中立，取决于流转价格

□反对　　□无所谓

5. 您的就业意向是怎样的？（最多可选三项）

☑希望留在村内，务农（传统农业、养殖业等）□商铺或摊点（水果店、干果店、超市等）

☑希望经过专业培训，能自主开发、经营农家乐，从事餐饮、酒店等服务行业

☑外出务工　　□其他_____

第三部分　美丽乡村建设意愿

6. 您了解新农村建设或美丽乡村建设吗？

□非常了解　　☑有所了解　　　□听说过，但不了解　　　□没听说过

(a)

7. 您认为美丽乡村建设中应在哪些方面优先建设？（请选择您认为最重要的前三项）

☑经济发展 □村庄环境 ☑村庄服务设施（学校、医院、公共娱乐场所等）

☑村庄基础设施建设（道路、水、电、通讯） □村落文化 □居住环境改善

8. 您对村庄旅游开发的态度是？

□支持并积极参与 ☑支持 □中立 □反对

9. 如果政府动员和村民共同整治村庄环境，改造修缮更新房屋，需要自筹资金，您是否愿意出钱？ ___愿意___ 愿意的话，最多能承受多少比例？___

10. 您对本村设施现状看法？

项目	满意	不满意	不满意原因
道路状况		✓	
公共绿地及广场		✓	
医疗站	✓		
文化活动站	✓		
小学、幼儿园	✓		
商店、超市	✓		
体育设施	✓		
供电情况	✓		
做饭燃料	✓		
采暖	✓		
供水饮水		✓	
雨水排放沟渠		✓	
污水处理		✓	
垃圾收集	✓		
村庄照明	✓		
环境卫生	✓		

上表中您最希望改善的项目按顺序排队（可选 5 项）___

11. 如果将来村庄进行合并或集中整治，在本村外其他地方统一建新宅，您是否愿意放弃目前住宅并获得相应的现金补偿？ ___愿意___

12. 为了提高农产品销售价格，直接对接城市里的零售或加工机构，减少流通环节，如果村民在辅导帮助下组织组建种植或养殖合作社、小型，您的看法是（多选）

□非常好 □行不通 □不知道是否管用 ☑愿意入股参与 □不愿意加入

13. 对于村庄规划和新农村建设，您还有什么意见和建议：___

受访人签名： 绎十海

时间： 2016. 1. 16

(b)

图 2-4 美丽乡村建设调查问卷

3. 访谈和座谈会调查

性质上与抽样调查相类似，但访谈与座谈会是调查者与被调查者面对面的交流。在规划中这类调查主要运用在这样几种状况下：一是针对无文字记载也难有记载的民俗民风、历史文化等方面的对历史状况的描述；二是针对尚未文字化或对一些愿望与设想的调查，如对所在地区政府的领导以及广大村民对未来发展的设想与愿望等（图2-5）。

图 2-5　美丽乡村访谈及座谈会调查

4. 文献资料的运用

在美丽乡村规划中所涉及的文献主要包括：

（1）当地政府文件，如政府工作报告、近三年统计年鉴、与农业和美丽乡村有关的政策文件。

（2）上位规划，如当地十三五规划、土地利用规划、市（县、乡、镇）域总体规划、现代农业发展规划、旅游发展规划、农田水利规划、交通专项规划等。

（3）与规划项目相关的各行业监管部门的技术规范、管理办法等。

（4）最新的村庄建设规划。

（5）各类调查资料，如项目区土地性质、自然状况、土壤情况、气候条件、农业产业现状、劳动力状况、经济条件、水电路井等设施。

2.5.2　调研内容

1. 乡村基本情况调研

村庄的基本情况调研：对村庄人口结构、现有用地布局、基础配套设施、公共服务设施、建筑现状、景观风貌、科技教育水平、历史民俗等进行调研。

村民基本情况调研：每户人口构成、主要经济收入、居住情况、发展设想、问题瓶颈等，入户建筑调研需进行每户走访并拍出每户建筑现状照片，具有代表性的建筑需量出建筑尺寸。

2. 社会经济发展调研

对村庄的经济状况、产业发展情况、人均年收入、村集体企业或产业、厂房等进行调研访谈。

3. 道路市政及公共服务设施调研

对现状道路登记、结构、宽度等情况进行调研。对供电、电信、网络、有线电视、给排水、垃圾处理等基础设施进行调查记录。对村委会、卫生室、学校、健身场所等公共服务设施进行调研。

4. 区域资源调研

对村庄所在区域情况进行调查，包括交通区位、职能分工、自然气候、经济状况、特色资源等情况进行调研。

2.5.3　调研分析

为深入了解乡村居民对规划的看法和意愿，使规划更贴近居民需求，一般在调研阶段可做如下问卷调查。

表 2-2 是入户调查问卷，可了解村民的一般情况，对村民经济收入情况、居住条件和种养情况有详细了解，结合多份问卷调查分析的结果可对村

庄布局、基础设施、产业规划等方面有一定指导作用。

表 2-2　入户调查问卷

序号	问题	回答
1	户主	
2	居住情况	
3	主要经济收入	
4	建筑面积	
5	现在住房是否满足需求	
6	是否有院子	
7	是否有牲口圈	

表 2-3 是村庄现状调查表，主要调查村庄的人口结构、经济状况、产业现状、现有用地、基础配套、公共设施、建筑现状、教育水平等情况。对于乡村的总体布局、产业发展、基础设施、公共服务、民居建筑等规划设计具有重要的指导意义。

表 2-3　村庄现状调查统计表

社会经济状况				
总户数（户）	总人口（人）	劳动力（人）	外出劳力（人）	
总耕地（亩）	水浇地（亩）	旱地（亩）	经济林（亩）	
			生态林（亩）	
牛（头）	羊（只）	大畜（头）	猪（头）	
总收入（万元）	种植业（万元）	养殖业（万元）	二三产业（万元）	
村集体收入（万元）	集体固定资产（万元）	主导产业	人均纯收入（元）	
基础设施状况				
机井（眼）	渠道长度（m）	U 型渠	大型农机（台）	小型农机（台）
		管渠		
现有电力（kW）	通电话户数		有线电视户数	电脑拥有台数

续表

四化四改状况									
通自来水户数		使用沼气户数		改厨户数		改厕户数		改圈户数	
街巷硬化（km）		绿化株数		亮化盏数		垃圾池（个）		清洁人员	

社会事业状况							
小学占地面积（亩）		小学建筑面积（m²）		在校人数		教师	
高中文化人数		初中文化人数		小学文化人数		文盲人数	
文化室面积（m²）		图书数量（册）		卫生所面积（m²）		医护人员	
便民服务店面积（m²）		年营业额（万元）		健身场所面积（m²）		器材数量（件）	
计划生育出生率（‰）		养老保险参加人数		合作医疗参加人数		五保户供养人数	

农民收入构成状况							
农民人均纯收入（元）		种植业（元）	%	养殖业（元）	%	二三产（元）	%

其他状况						
专业合作组织个数		参加户数		村域总面积（亩）		村庄占地面积（亩）
汽车总数		小型轿车		商务运输车		摩托车

表 2-4 是农业基本情况统计表，主要是对项目区自然条件、农业基础设施情况、产业详细现状、农业科技水平、劳动力教育水平等进行调查分析，分析结果对于产业规划具有重要的指导意义。

表2-4 农业基本情况统计表

调研员/资料填写人： 调查时间： 年 月 日 调查部门：

联系人：

调查方式：1. 领导座谈；2. 项目区实地访谈；3. 根据甲方资料填写；4. 其他

自然条件	气候条件			一产的投入和产出（万元）	2011	
	光照	年日照天数（d）			2012	
		年日照时数（d）			2013	
		无霜期（d）			2014	
	湿度	（%）			2015	
	温度	年最高温（℃）		二产的投入和产出（万元）	2011	
		年最低温（℃）			2012	
		平均气温（℃）			2013	
	降水量	年平均降雨量（mm）			2014	
		24h最大降水强度（mm）			2015	
	土壤			三产的投入和产出（万元）	2011	
	水资源				2012	
	大气				2013	
	山地资源	山地面积			2014	
		海拔			2015	
		坡度		财政支出总额	2011	
		植被覆盖率（%）			2012	
	动植物资源（国家二级以上）	名称及规模			2013	
					2014	
					2015	
				农业财政支出	2011	
					2012	
					2013	
					2014	
					2015	
				农业财政支出浮动范围	（%）	

续表

基础设施条件	交通	公路级别	
		公路总里程（km）	
	水利	机井（个）	
		沟渠总长（km）	
		扬水站（个）	
		水库面积（km²）	
	电力	变电站（个）	
		发电站（个）	
		发电量（kW·h）	
	电话	通电话户数（户）	
	耗能分布	煤气用户数（户）	
		其他燃料（户）	
	暖气	通暖气户数（户）	
	网络	互联网用户数（户）	
	有线电视	通有线电视户数（户）	
人口	总人口		
	务农人员		
	外出务工人员		
	劳动力年龄结构		
	人口增长率		

经济基础条件	农村经济结构	粮经比	
		农与非农	
		牧业所占比例（%）	
		林业所占比例（%）	
		渔业所占比例（%）	
	农民纯收入	（元）	
科技教育条件	主推种养殖技术		
	节水灌溉	推广面积	
	绿色种养	推广面积	
	设施生产	推广面积	
	机械化水平	农机种类	
		农机数量	
		农机单价	
		农机寿命	
		农机效率	
		农机闲置率	
	农民受教育水平	小学（人数）	
		初中（人数）	
		高中（人数）	
		大学及以上（人数）	

参考文献

［1］　费孝通．乡土中国［M］．江苏文艺出版社，2006．

［2］　陈秋红，于法稳．美丽乡村建设研究与实践进展综述［J］．学习与实践，2014(6)：
　　　 107-116．

［3］　GB/T 32000—2015，美丽乡村建设指南［S］．质检总局，国家标准委．2015-5-27．

［4］　梅耀林，许珊珊，杨浩．实用性乡村规划的编制思路与实践［J］．规划师，2016(1)．

［5］　顾朝林，张晓明，韩青，等．我国县镇（乡）村域规划问题与对策［J］．南方建筑，2014(2)：9-15.

［6］　苏爱凤．新农村规划建设新思考［J］.中国建设信息，2007，(10)：49-50.

［7］　邢天河，吴巍．河北农村面貌改造提升规划设计技术导则解析［J］.城市规划，2014，38(3)：14-17.

［8］　仲照东．新时期村庄建设规划理论和方法研究［D］.江西：江西理工大学，2010.

第3章 村庄布局规划

3.1 村庄布局规划原则

1. 以人为本，因地制宜

依据村庄区位、地形、资源、地质等条件，因地制宜，妥善处理村庄建筑规划布局集中与分散的关系，适宜集聚布局的就适当集聚，适合分散布局的合理分散；同时应根据现状社会经济等发展情况，合理定位，实事求是，因地制宜。

2. 发展和谐，区域协调

统筹安排各项基础设施和公共服务设施建设，科学合理布局，适度超前，避免重复建设。以"点"带"面"，通过对现状村庄的整合，打造为发展水平较高的"新型农村社区"或"特色村"，以带动区域整体发展。

3. 有利生产，方便生活

村庄布局，应坚持以人为本的原则，充分尊重农民意愿、充分听取农民的意见和要求，把满足农民生活、生产和发展需要作为规划的出发点。

4. 生态优先，特色突出

以保护自然生态环境为发展前提，充分利用水系、山林及农田的有机整合，与当地经济社会发展的要求相适应，与地形地貌、河流水系相适应，适当兼顾民风习俗，突出地方特色。

5. 资源节约，环境友好

正确处理村庄规划与土地、能源、环境的矛盾，充分挖掘发展潜力，合理节约利用各类资源，形成集约、节约发展模式，同时注重环境保护，创造环境友好型社会。

3.2 村庄规划定位

规划定位应以实际现状为出发点，秉承可持续发展原则，以强化村庄基础设施为主导，以环境提升改造为目标，以田园生态塑造为理念，打造山水人文和谐的美丽乡村，尽显村庄自然形态之美、历史文化之美、生产生活之美。村庄规划定位需从以下三方面考虑：

1. 自身优势定位与村庄规划定位相结合

村庄是以农副业生产为主导的基层居民点，大部分村庄职能较为简单、性质也不突出，规划时应研究村庄现状，挖掘村庄自身的个性特点，对于发展条件、资源条件较好的村庄，突出特色，明确发展方向，使村庄类型趋于多样化。

首先，村庄的本底资源条件，包括自然和人文资源、农业资源、矿业资源等，对于村庄的整体定位有指导性作用，有助于明确村庄的发展方向。现状村庄的生产水平和设施、生活设施的配套、绿化、环境特点、市政公用设施等，对村庄的发展都起着重要的基础作用。此外，村庄的历史发展过程对村庄规划发展也有着重要的作用，村庄形成发展的历史背景、历史中村庄职能、规模的变迁过程及原因也需要重点研究分析。

2. 国家政策的定位与村庄规划定位相结合

国家政策是影响村庄发展的重要因素之一，国民经济和社会发展计划是确定村庄发展目标的主要依据。上位规划的产业布局、交通布局、城镇体系的布局与发展趋向，对村庄产业发展方向、村庄规模和布局都有很大的影响。因此，在村庄规划定位时，应对国家提倡什么、鼓励什么、扶持什么、限制什么均了如指掌，认真研究国家和省市的相关优惠政策，做好上位政策与村庄规划定位的科学结合，做到合理定位、有序规划。

3. 主导产业定位与村庄规划定位相结合

对具有较好的特色产业基础或者良好的本底资源条件的村庄，应对特色产业进行挖掘，选定主导产业，进一步科学规划，推动这类村庄的建设发

展，如：以发展养殖业、林果业、蔬菜等为特色的村庄，或利用自然、历史
等因素发展旅游业的村庄等。

　　综上所述，村庄规划应在对村庄发展条件充分理解的基础上，挖掘并利
用村庄优势资源，灵活运用产业引导、公共政策及空间设计等规划方法，科
学合理地对村庄进行定位，明确村庄的主要职能，并分析村庄发展的潜力、
优势和趋势，引导村庄健康、可持续的发展。

　　以广西玉林某村庄规划为例（图 3-1），该村位于广西玉东新区内，毗
邻玉林农业嘉年华，具有较好的农业资源优势；村庄拥有厚重的客家文化基
础；建筑富有当地特色；基础设施和公共服务设施条件较好。

图 3-1　广西玉林某村庄的现状调研照片

　　通过现状综合分析，结合上位规划，将该村定位为：生态宜居、乡韵浓
厚、活力发展的"中国最美乡村"。规划从"融合乡土文化，培育第六产业；
统筹基础设施，完善公共服务；提升村容村貌，营造田园社区；实现农旅一
体，打造生态鹿塘"等方面进行建设，力图实现"中国最美乡村"这一定位
（图 3-2、图 3-3）。

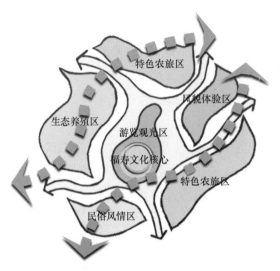

图 3-2　广西玉林某村庄的　　　　图 3-3　广西玉林某村庄的
　　　规划设计理念　　　　　　　　　　规划意向图

3.3　村庄规模预测

3.3.1　人口规模预测

　　村庄的性质确定之后，要根据规划期限，对村庄规模进行估算。村庄规模是指人口规模和相应的用地规模。由于村庄用地规模是随着人口规模变化而变化的，所以村庄规模通常情况下是指人口规模。村庄人口规模是指在一定时期内村庄人口的总和。人口规模不但影响着村庄用地的大小，也是村庄规模的基础指标，是各项配套设施的设置依据。目前我国处于城镇化快速发展时期，农村人口大量向城市转移，大多数村庄人口的机械增长会出现负增长，并且人口的变动会随着地区的经济发展速度和水平有所差异。在人口预测时，需要进行类比分析和研究，充分把握城镇化过程中人口流动的规律。

　　1. 以综合增长率法为基础预测人口规模

　　1）常住人口增长预测

　　根据国家标准《镇规划标准》（GB 50188—2007），镇域人口为户籍人口和常住人口之和，其规模预测可以采用综合分析的方法。该方法把人口的增长划分为自然增长和机械增长两类：在人口变动中，自然增长是指人口出生与死亡的历年变化关系；机械增长主要是人口迁入和迁出引起的人口变化。大型村庄的人口规模预测可以借鉴镇域人口计算方法，采用式（3-1）进行计算：

$$Q = Q_0(1+K)^n + P \qquad (3\text{-}1)$$

式中　Q——规划期末村庄总人口，人；

Q_0——规划基年村庄总人口，人；

K——规划期内人口自然增长率，%；

P——规划期内人口机械增长数量，人；

n——规划期限。

以陕西秦都区某乡村规划项目为例，该规划项目涉及了 10 个行政村，2013 年末，总人口 10100 人，共 2497 户。近年来，人口增长以自然增长为主，迁入迁出人数基本持平。根据 2009—2013 年秦都区人口自然增长率，确定规划期内（截止 2025 年），项目区人口自然增长率按 3.85‰ 计算（表 3-1）。

表 3-1　秦都区 2009 年至 2013 年人口自然增长率

年份	2009	2010	2011	2012	2013
人口自然增长率（‰）	3.82	3.82	4.10	3.70	3.79

资料来源：咸阳市秦都区 2009 年至 2013 年《统计公报》

随着项目区苗木产业及休闲旅游产业的发展，未来一定时期内，将会吸引更多人前来投资、就业、休养，外来人口将逐年增多。规划期内，机械增加人口按年均增加 10～15 户（户均人口按 4 人计）计算，详细计算过程见式（3-2）：

$$
\begin{aligned}
Q_{2025} &= Q_{2013}(1+3.85‰)^{11} + 138 \times 4 \\
&= 10536 + 552 = 11088(\text{人})
\end{aligned}
\qquad (3\text{-}2)
$$

因此，2025 年的规划常住人口约为 11088 人。

2）新增产业人口及游客量预测

以上述该乡村规划项目为例，分别进行新增产业人口和游客量的预测计算。

（1）新增产业人口预测

随着项目区产业的发展，将逐步吸纳外来服务人员和居住人员。按照休闲旅游产业发展需求及各类旅游接待设施数量，对所需产业人员进行初步预估，取项目区旅游日均游客的10％，变化系数取2，计算得出规划末期项目区产业需求人员总量约为2600人（高峰期聘用临时工），其中从业人员的85％以吸纳本村或周边村庄村民为主，预计2210人左右；则新增外来职工约390人，其中单身职工占40％，带眷系数取3，则新增外来人口数为1092人，新增外来人口数 $Q_外$ 详细计算过程见式（3-3）：

$$Q_外 = 390 \times 60\% \times (1+3) + 390 \times 40\% = 1092（人）\qquad (3\text{-}3)$$

（2）游客量预测

规划项目以少年儿童为主要目标群体，以此带动2～6倍的家长前来园区参观旅游。2013年项目附近城市幼儿园、小学、初中、高中、职业高中等学校共有5453所，在校人数为217.81万人，规划预期可以吸引其5％的人前来，则潜在的中少年儿童消费群体约为10万人，带动40万家长前来园区参观旅游，预计带来的旅游人次如表3-2所示。

表3-2　儿童带动游客年均到园区旅游次数预测

年均到园区旅游次数	1	2～3	4～5	6次以上
比重（％）	30	50	15	5

年均旅游人次 Q_1 详细计算过程见式（3-4）：

$$Q_1 = 400000 \times (30\% \times 1 + 50\% \times 2.5 + 15\% \times 4.5 + 5\% \times 6)$$
$$= 1010000（人）\qquad (3\text{-}4)$$

项目所在市的乡村旅游2011年接待游客550万人次，2012年接待游客805万人次，同比增长46％。2013接待游客1000万人次，同比增长24％，预计2014年后该市乡村旅游平稳增长。2014年接待游客1300万人次，规划预期吸引其10％的人数前来，则潜在的乡村旅游消费群体 Q_2 约为130万人。该市2012年接待境外旅游者32.7万人次，2013年接待入境游客11.8万人次，规划预期吸引其5％的人数前来，则潜在的乡村旅游消费群体 Q_3 约为 1 万人（资料来源：2011—2013 年《咸阳市国民经济和社会发展统计公报》）。对儿童撬动本区域家庭潜在消费群体、区域乡村旅游游客及过境游客数量的估算，计算得出园区年游客量约 232 万人次，项目区日均游客量约13000 人（按每年 180 天假期计）。园区年游客量 $Q_游$ 详细计算过程见式(3-5)：

$$Q_游 = Q_1 + Q_2 + Q_3 = 2320000（人）\tag{3-5}$$

经过对项目区年游客量的测算和对该市其他类似园区和景区的对比，项目区日高峰综合考虑该市乡村旅游日高峰游客量（取 20%）及部分儿童撬动的本区域家庭旅游人次，项目区日高峰期约 60000 人。

3）规划人口总规模

综上所述，本次规划期末项目区所涉及的村庄规划人口共计 12180 人，其中包括常住人口 11088 人；产业需求、旅游服务外来工作人员 1092 人。规划末期年游客量约为 232 万人次。

2. 以资源环境承载力预测人口规模

资源环境承载力预测法是依据城镇赖以存在和发展的土地、水、生态环境、电力、经济实力等资源环境条件，分别按照某种适宜的人均占用水平或标准，对规划范围内可以承载的人口规模进行推算，得出的是城镇资源环境（或加上人为约束）能够承载人口的最大容量或者极限规模。目前主要的预测方法有土地承载力预测法、水资源承载力预测法、能源承载力预测法、经济承载力预测法、人均道路承载力预测法、生态承载预测法和绿地承载预测法等，每种方法都有自己的使用条件和特点，在应用时应根据具体村镇的发展条件来进行选取。一般情况下，资源承载力预测法可作为城镇人口预测的备选方法，对预测的城镇人口规模进行反向验算，但是如果某些村镇的自身发展条件中存在着某一方面的限制性因素时，则应该选取相应的方法进行预测。例如：

（1）建设用地接近其极限规模的城镇，可以考虑使用土地承载力预测法；

（2）水资源十分紧缺的，可以考虑使用水资源承载力预测法；

（3）生态环境负荷压力很大的，可以考虑使用环境容量预测法。

下面以土地承载力预测法和水资源承载力预测法为例，对于常用的承载力预测法进行介绍：

1）土地承载力预测法

土地的人口承载力取决于两个变量，分别是预测年末的城镇建设用地规模和预测年末的人均建设用地标准，前者与土地开发潜力有关，后者则与用地现状、国家有关标准、当地相关指标等有直接关系。根据建设用地潜力和有关人均用地标准预测人口规模时，预测公式为：

$$P_t = L_t / I_t \tag{3-6}$$

式中　P_t——预测目标年末人口规模，人；

　　　　L_t——根据土地开发潜力确定的预测目标年末城镇建设用地规模，m^2；

　　　　I_t——预测目标年采用的人均建设用地指标，$m^2 / $人。

2）水资源承载力预测法

水资源的人口承载力主要取决于两个因素，分别是预测年末的水资源总量和预测年末的人均用水量。水资源与土地资源不同，它是一个开放系统，不仅包括本地水资源，还包括了可供利用的外地引入水。因此，在对水资源进行预测分析时，所有可能的水资源潜力都应考虑到。人均用水量指标需根据当地实际人均用水量，预测规划目标年人均用水量，包括了城市各类生产及公共用水在内，是人均的综合用水量。规划年人口规模的计算方法见式（3-7）：

$$P_t = L_t / I_t \tag{3-7}$$

式中　P_t——预测目标年末人口规模，人；

　　　　L_t——预测目标年可供水量，m^3；

　　　　I_t——预测目标年采用的人均用水指标，$m^3 / $人。

同理，利用能源承载力预测法、经济承载力预测法、人均道路承载力预测法、生态承载预测法和绿地承载预测法等预测时，也需要依据规划目标年的总量值和人均标准进行推算。需要注意的是，要根据乡村自身的资源条件进行综合分析，进而选择适宜的预测方法。

3.3.2　用地规模确定

村庄的用地规模可以按照人口规模和人均用地标准进行计算。由于村庄人均用地受到自然条件、现状建设情况的影响，很难有明确的数值。另外，村庄的用地规模还受宅基地的标准、村庄住宅建筑的层数等方面的影响。因此，在确定村庄规划用地规模时，要以集约利用土地为原则，结合实际情况确定。以上述某乡村规划项目为例，进行用地规模预测：

项目区总面积为 1876.20 hm²。规划后，建设用地总面积 470.31 hm²；农林用地总面积 1405.89 hm²。建设用地中，城乡居民点建设用地为 205.12 hm²，包括村庄建设用地、产业用地两部分。根据《陕西省村庄规划技术规范》相关规定，以非耕地为主建设的村庄，村庄人均规划用地指标为 90 m²/人，确定 2014—2025 年，园区所涉及村庄人均建设用地按 90 m²/人控制，村庄建设用地规模控制在 125.98 hm²；根据产业发展需求预测，需产业设施用地约 79.14 hm²；因此，城乡居民点建设用地共需 205.12 hm²。区域交通设施用地增加为 143.13 hm²，用于对外交通设施、主干路、次干路的修建。区域公用设施用地包括 594 电台和区域环卫设施，减少 8.53 hm²，拆除一个垃圾回收站。其他建设用地为陵墓保护区，用地规模保持不变。项目区的用地平衡情况如表 3-3 所示。

表 3-3　项目区规划用地平衡表

类别代码		类别名称	用地面积（hm²）		占总用地比重（%）	
			现状	规划	现状	规划
H		建设用地	394.60	470.31	21.03	25.07
	H1	城乡居民点建设用地	232.81	205.12	12.41	10.93
	H2	区域交通设施用地	31.2	143.13	1.66	7.63
	H3	区域公用设施用地	125.51	116.98	6.69	6.23
	H9	其他建设用地	5.08	5.08	0.27	0.27
E		非建设用地	1481.6	1405.89	78.97	74.93
	E2	农林用地	1481.6	1405.89	78.97	74.93
		一般农田	348.12	283.82	18.55%	15.13
		基本农田	1133.48	1122.07	60.41%	59.81
总计		—	1876.20	1876.2	100	100

3.4　村庄空间布局

农村居民点总体呈现出大散居、小聚居的不均匀分散分布格局，受自然、社会、经济和环境等因素的影响，在规划时可利用 ArcGIS 的空间分析功能，来优化村域范围的农村居民点空间优化布局，村庄空间布局的总体规划思路如图 3-4 所示。

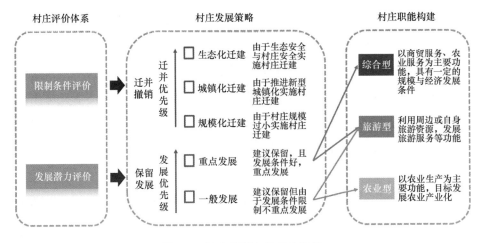

图 3-4　村庄规划布局总体思路

3.4.1　村庄空间布局的依据

（1）村庄人口规模的确定要充分考虑村庄现状、生产力发展水平和实施的可行性，兼顾民风习俗，合理确定人口集聚规模和耕作半径。村庄的居住人口按照人口自然增长率和人口转移趋势，并结合村庄撤并、迁移等因素综合考虑。

（2）村庄等级应在对村庄经济社会发展的优势和制约因素、建设条件进行研究分析的基础上，确定中心村、一般基层村的人口规模、职能分工和建设用地标准，确定撤并、迁移新建、限制发展、鼓励发展等四种基本类型的村庄及发展策略。

（3）规划撤并的村庄不考虑新建或改建，纳入所并入的村庄进行规划建设。村庄撤并的对象包括：

① 处在文物古迹、饮用水源地、生态自然保护区、风景名胜区、滞洪蓄洪区、地下采空区、交通和工程管线保护区域及其他法律法规规定的保护范围用地内，村庄发展受到制约的村庄；

② 生态环境恶化、地质灾害和自然灾害频发等不适宜人群居住的村庄；

③ 供水、交通、电力、通讯等基础设施严重匮乏且难以修建的村庄；

④ 地方病发病率高且短期内难以解决的村庄；

⑤ 人口规模和人均收入水平远远低于全乡（镇）村庄的平均水平，无发展潜力的村庄。

（4）规划迁移新建的村庄，在选址时不需考虑地址、防洪、历史文化和生态保护要求，具有满足规划村庄规模的建设用地，有基本农田和农业产业支撑，有第二、第三产业提供的就业机会和必要的基础设施和公共设施等基本条件。迁移新建村庄的基本原则是：

① 发展条件差的村庄向发展条件好的村庄集聚；

② 深山、库区移民村庄向圩镇或中心村迁移；

③ 受重大基础设施建设影响的村庄向圩镇或中心村迁移；

④ 沿河沿路分散的村庄向中心村集聚；

⑤ 受地质灾害或自然灾害严重影响的村庄向自然条件良好的村庄迁移。

（5）对现状人口规模不大、相对孤立且交通区位一般、发展潜力一般的村庄，在规划期内难以搬迁的村庄，应限制其发展，鼓励该类村庄内的村民向村镇或中心村集聚。

鼓励发展村庄确定原则是：

① 基础设施与公共服务设施相对完善的村庄；

② 与其他中心村有合理的间距，服务半径适宜的村庄；

③ 处于县城或乡镇周边，尚未纳入城镇规划区范围内的村庄；

④ 处于国道、省道、高速公路和铁路沿线，交通区位优势明显的村庄；

⑤ 具有发展潜力和优势，有适宜的人口规模和经济规模的村庄。

（6）空间发展引导：村庄空间发展引导管理应根据不同情况划分禁建区、限建区和适建区三类区域，并制定各区域规划管理措施。

3.4.2 空间布局设计

下面以内蒙古自治区鄂尔多斯市某乡村规划项目为例，进一步详述如何进行布局设计。

1. 项目区基础条件

项目区位于乌兰木伦镇，地处鄂尔多斯市伊金霍洛旗东南部，蒙陕两省区交界处，与陕西省大柳塔镇隔河相望。距鄂尔多斯 50km、榆林市 130km、包头 150km、呼和浩特 200km，属国家预重点打造的蒙陕甘宁能源"金三角"的核心地带。乌兰木伦镇距成吉思汗陵文化旅游区仅 25km，是伊金霍洛旗构建大旅游环线中的重要旅游节点。项目区位优越，为能源"金三角"核心区；旅游环线的支撑点，为村庄打造提供基础。该项目规划范围如图 3-5 所示。

2. 村庄现状条件

1）居民聚居点一

居民房以一层砖房为主，新建房屋与老房屋混合分布，同时有少量的土坯房。在总体布局上较为零散，常见以单户和以 2~3 户组成小团的形式分布，没有形成小规模的片区。建筑在朝向、样式上缺乏协调统一。乡村景观较为平淡，植物单调，道路均为土路，无硬化道路。具体现状如图 3-6 所示。

规划中需对房屋建筑加以修整处理形成统一的村庄风貌，村庄道路需进行硬化处理，村庄景观需丰富植被类型，满足不同季节的景观性。

2）居民聚居点二

村庄绿化程度较低，仅有的绿化景观布局零散，缺乏系统性。庭院缺乏有效的利用，功能混乱，杂乱无章。道路两边缺乏绿化，缺乏特色。农田作物繁杂，缺乏景观性、特色性。村庄缺少景观节点，入口缺乏观赏性，广场缺少绿化。具体现状如图 3-7 所示。

3）居民聚居点三

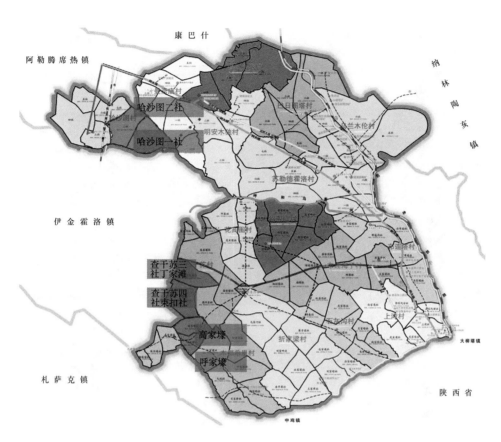

图 3-5　项目规划范围图

居民房以一层砖房为主，有少量土坯房。在总体布局上较为零散，常见以单户和以 2～3 户组成一个小团的形式分布，没有形成小规模的片区。建筑在朝向、样式上缺乏协调统一。村内道路均为土路，无硬化道路。

规划中需对房屋建筑加以修整处理，形成统一的村庄风貌；对村庄道路需进行硬化处理，村庄景观需丰富植物类型，满足不同季节的景观性。具体现状如图 3-8 所示。

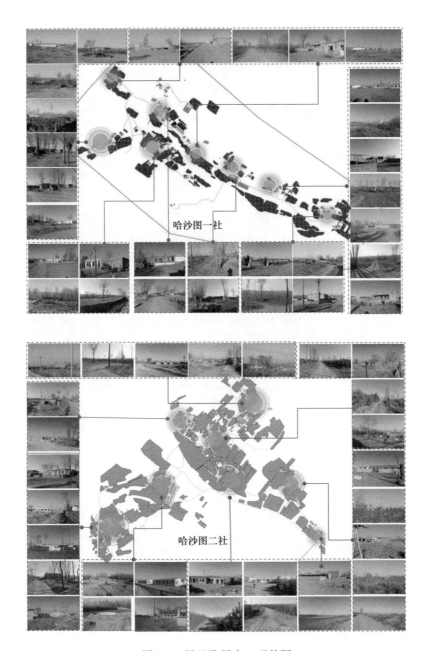

哈沙图一社

哈沙图二社

图 3-6　居民聚居点一现状图

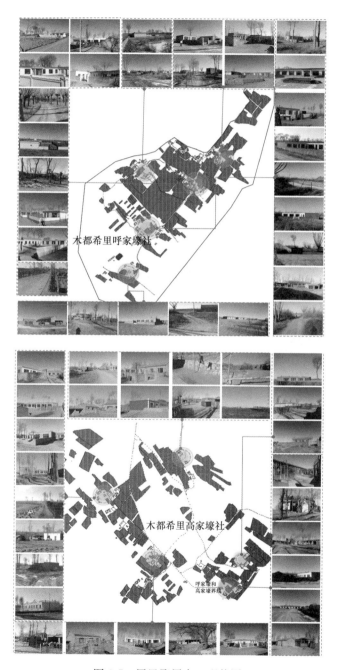

图 3-7　居民聚居点二现状图

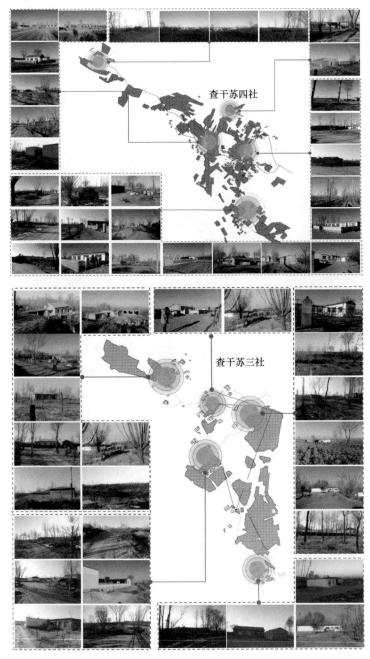

图 3-8　居民聚居点三现状图

4）主要现状问题

村庄现状的综合分析如表 3-4 所示，村庄目前的闲置空间较多，造成了土地资源的浪费，村庄景象和乡土文化也受到不良影响，应通过规划进一步利用。

表 3-4 村庄现状综合分析表

村庄	村庄闲置空间的特点	村庄闲置空间的表现形式		村庄闲置空间的影响	发展庭院经济
聚居点一	（1）面积不断扩大，随着村庄人口逐渐减少且不全是留守务农，闲置空间呈现扩大的趋势。	微观方面	（1）单核型，即村庄中心呈现连续、大片的闲置空间，多见于传统、规模不大或外围有公路的村庄。（2）多核型，是由村庄空间朝多个方向发展或多个村庄联系发展而形成	（1）土地资源浪费。（2）村庄景象被破坏。村庄景象与其环境是经过几百年甚至上千年的适应和发展演化而成，已成为大地景观的有机组成部分，并形成了富有个性化的景象。（3）乡土文化丧失。传统村庄都是同族聚居，血缘关系成为了维系人际关系的纽带	如果村庄规划能通过某种规划策略在对闲置空间利用的过程中将生产功能、景观、文化进行物质化的结合，使整个村庄空间资源实现最大化的集约利用，那么闲置空间的"休克"状态将被唤醒，村庄的生命力将得以延续。基于这样的分析，本规划提出了"庭院经济"策略，通过恢复村庄的生产功能，同时将其与村民生活生产方式、乡村生态景观和文化有机结合，来达到村庄空间集约利用的目的。最终形成有生命力的大田园微农场乡村
聚居点二	（2）依附主体改变，随着离村庄中心距离的加大，闲置空间并没有消失，而只是依附主体改变，如可能依附于交通空间、休闲空间等。（3）呈现方式不同，随着离村庄中心距离的加大，呈现方式发生变化	宏观方面	（1）组团形式，多见于旧建筑的围合空间，对村庄空间的外延式发展有较大的推动力。（2）带状形式，多是由新建筑成排排列时对建筑两边土地使用的忽视或管理不当造成的，对村庄空间的集约利用有比较大的影响。（3）散点式，是由于建筑周围或庭院空间没得到有效利用而造成的土地荒废，直接影响着建筑景观		
聚居点三					

3．规划思路

在尊重传统村庄文化和生态脉络的前提下，以内蒙古自治区"十个全覆盖"为村庄发展出发点，导入庭院经济的创新功能，使村庄聚落生成农村经济的新引擎，促进文化上的繁荣和优美的生态环境建设，体现自身和区域的带动示范作用，塑造鄂尔多斯农村建设发展的新名片。规划将打造：鄂尔多斯地区集生活、生产和生态一体的"魅力草原有情·美丽乡村幸福"区域。

4. 规划布局

1）居民聚居点一的规划布局

居民聚居点一的规划布局如图 3-9 所示。规划从宏观层面，布局结合生态林、花木等元素，与自然变化相融合，形成哈达形景观飘带，串联乡村组；在微观层面，在原有宅基地范围的基础上扩大 20％的用地，根据不同的情况以家庭为核心，发展不同形式的庭院经济。

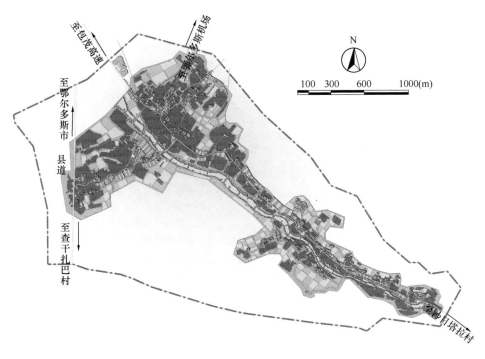

图 3-9　居民聚居点一规划布局图

产业采用"大农场＋微田园"模式，模块的用地选择原则为临近道路的连片地，发展相对集中的庭院经济、周边用地可发展规模化的生态林、光伏农业。

2）居民聚居点二的规划布局

居民聚居点二的规划布局如图 3-10 所示。在宏观层面，根据庭院经济不同的发展模式，结合生态林、花木等自然元素，与自然季节的变化相结合，打造宜居宜业的居住生活组团模式，沿路建设景观产业打造景观带，美化环境，串联村庄组团；在微观层面，确定宅基地范围并控制建设内容不得超出控制线，确保村庄未来建设的规范性和整齐性。据不同的情况以家庭为核心，发展不同形式的庭院经济。

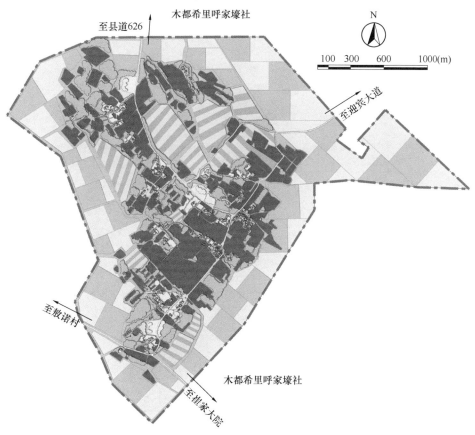

图 3-10　居民聚居点二规划布局图

产业采用"大农场＋微田园"模式，具体模式同居民聚居点一的规划布局。

3）居民聚居点三的规划布局

居民聚居点三的规划布局如图 3-11 所示。在宏观层面，结合原有村庄

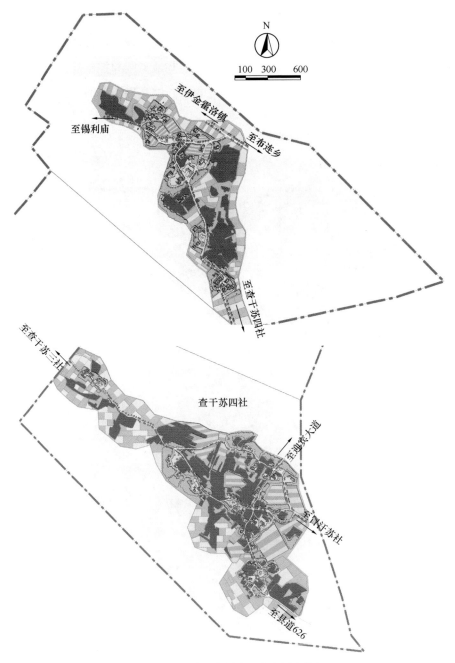

图 3-11 居民聚居点三规划布局图

的格局，打造相对集中的居住组团，同时结合林地、花木等自然元素沿路打造景观带，塑造大地景观，串联村庄组团；在微观层面，确定宅基地范围并控制建设内容不得超出控制线，确保村庄未来建设的规范性和整齐性。据不同的情况，以家庭为核心，发展不同形式的庭院经济。

产业采用"大农场＋微田园"模式，具体模式同居民聚居点一的规划布局。

上述案例借助项目区闲置空间较多的特点，发展以庭院经济为特点的大田园微农场，以此引领项目区向特色、健康、可持续的方向发展。通过促进产业增效解决农民就业增收问题；按照村庄建设要求，以传承和发展为目标，以优化农村环境面貌为重点，对现有建筑予以改造和新建；同时，同步推进基础设施配套建设，逐步把农村建设改造成设施配套、环境优美、文明和谐的特色新村。

通过对美丽乡村发展规划理论的研究和实践，笔者认为，在进行美丽乡村规划时，应结合上位规划和外围环境，全面统筹剖析自身资源优势，认清现状问题，寻找适合乡村发展的途径。以基础设施改造为基本，以产业提升为途径，促进经济发展和生活条件改善，通过改造民居、完善公共服务设施等措施，打造生态宜居的美丽乡村。在规划时，应结合国家政策制度，积极探索机制体制改革，使乡村的生产、生活、生态、文化均能得到长足的发展进步。

参考文献

[1]　柳明望. 浅论村庄布局规划——以临湘市忠防镇为例[J]. 城市建筑，2014(15)：5-6.

[2]　贾有源. 村镇规划[M]. 北京：中国建筑工业出版社，1992.

[3]　张杜鹃，刘科伟. 村庄体系重构与县域经济发展问题分析——以陕西省咸阳市三原县为例[J]. 生产力研究，2010(5)：181-183.

[4]　孙伟，杨小萍. 基于特色产业的村庄规划的实践与探索[J]. 山西建筑，2012，38(10)：11-12.

［5］ 裴杭 . 村镇规划［M］. 北京：中国建筑工业出版社，1988.

［6］ 葛诗峰 . 村镇规划［M］. 天津：天津人民出版社，1996.

［7］ 郑弘毅 . 农村城市化研究［M］. 南京：南京大学出版社，1998.

［8］ 李鹏飞，李晓，刘笑，李宏轩 . 大数据支持下的沈阳市域村庄布局规划方法研究
［J］. 中国科协年会——16 大数据与城乡治理研讨分会，2015.

［9］ 王浩，江伊婷 . 基于资源环境承载力的小城镇人口规模预测研究［J］. 小城镇建设，
2009(3)：53-56.

第4章 产业发展规划

美丽乡村，产业先行。乡村要美丽，不仅仅是指山青水绿、路洁房美，更关键的是要提高农民素质、增加农民收入以及在此基础上实现公民道德之美、社会建设之美和民主法治之美。因此，美丽乡村背后，必须要产业先行。要把产业发展作为建设美丽乡村的着力点，结合地区资源特色，宜工则工，宜农则农，宜游则游，大力发展生态农业、设施农业、休闲农业等各具特色的乡村生态产业，着力打造精品产业，全面提升产业层次。

美丽乡村产业发展规划关键在于选择符合乡村实际需求的主导产业，构建能够支撑乡村可持续性内生发展的产业体系，重点要实现产业科学合理布局。而主导产业选择和产业空间布局均是基于对区域产业现状、资源条件、社会经济等综合条件的分析。

4.1 产业发展环境分析

产业发展环境主要包括乡村及其所在地区的资源条件、社会经济条件以及产业发展现状。通过对产业发展环境的分析，为产业的选择以及发展路径的确定提供依据。

4.1.1 市场分析

主要对乡村现有产业或拟发展产业的市场需求容量、特征、辐射范围、主要消费群体等要素进行的经济分析。其主要目的是研究产品的潜在需求量，为开拓潜在市场、安排产业布局、制定经营战略奠定基础。

本书所指的市场分析主要包括农产品市场、乡村旅游市场的分析。其中：

农产品市场分析主要包括农产品的种类、品种、产量、主要销售区域、主要消费群体、人均消费水平、重点销售渠道、相邻地区同类产品竞争状况等方面。

乡村旅游市场分析主要包括主要旅游产业业态、旅游产品、游线设置、客流量、客源地、人均消费水平、接待能力、相邻地区同类产品竞争状况等方面。

4.1.2 资源条件分析

主要对乡村的区位、交通、气候、地形、土地等客观资源条件的分析。

（1）区位条件：分析乡村所处的地理位置，与周边大中城市的空间距离等。

（2）交通条件：分析乡村本身拥有的或周边地区的机场、铁路场站、高速公路出入口、国省干线及农村公路、水运码头等。

（3）气候条件：分析乡村所在区域所处的自然气候类型、常年降水量、积温、日照等，这些条件是发展农业种植、养殖业的必要条件。

（4）地形条件：分析乡村的地形地势、高程、坡度、坡向等。

（5）土地条件：分析乡村的用地性质分类、用地规模、土壤条件等。

4.1.3 社会经济分析

主要对乡村经济规模、收入水平和结构、劳动力资源和人口结构等因素的分析，通过分析总结乡村及所在地区社会经济发展特征，从而明晰乡村所处的宏观经济发展环境，为确定乡村经济增长和产业发展目标提供依据。

（1）乡村经济规模：主要分析乡村所在的县（市、区）和省一级的地区生产总值（GDP）和人均产值，乡村总收入，乡村所在乡（镇）的经济排名，与乡（镇）、县（市、区）和省级平均经济情况的比较等。

（2）收入水平和结构：分析乡村以及乡村所在的乡（镇）、县（市、区）和省内农民人均纯收入情况、农民收入中第一产业收入和务工收入的比例、与国家及地区小康社会农民人均纯收入指标的差距等。

（3）劳动力资源和人口结构：分析乡村各年龄段人口比例分布、劳动力资源数量、外出务工劳动力规模等。

4.1.4　产业现状分析

主要对乡村一二三产业现状进行分析，总结乡村产业现状特征和存在问题，为下一步选择产业门类、有针对性地制定产业发展目标和路径提供依据。各地根据地区差异，需要分析的产业门类略有不同。

（1）种植业：包括传统粮油、经济林果、中药材等种植，主要分析现状种植种类品种、种植技术、规模化和机械化程度、经营方式、品牌塑造、产值情况等。

（2）养殖业：包括畜禽养殖、水产养殖、特色养殖等，主要分析现状养殖种类品种、养殖技术、规模化程度、经营方式、品牌打造、产值情况等。

（3）加工业：包括农产品加工、林产品加工、手工艺品制作加工等，主要分析现状加工产品品种、加工企业数量与规模、产值情况等。

（4）商贸服务业：主要分析餐饮、娱乐、购物、住宿资源的分布以及互联网、金融等服务设施网点情况等。

（5）乡村旅游业：包括民俗文化体验旅游、红色旅游、休闲观光旅游等，主要分析旅游资源的类别、旅游项目分布及运营、旅游节庆活动、旅游线路情况等。

4.2　产业规划策略

4.2.1　上位规划的协同引导

统筹上位规划中涉及村域产业发展的相关内容，如：国民经济和社会发展规划、城乡规划、土地利用规划及各个专项规划等，并落实到以土地为载体的空间规划中去。结合所在县（市）、乡（镇）国民经济和社会发展规划制定的经济发展目标，城市（乡、镇）总体规划中县（市）域城镇体系规划及乡（镇）域村镇体系规划确定的村镇性质，村镇体系等级以及土地利用规划确定的土地利用性质，协同区域旅游发展规划、环境保护规划等专项上位规划，以产业土地利用的空间布局为落脚点来统筹规划、综合引导，如图4-1 所示。

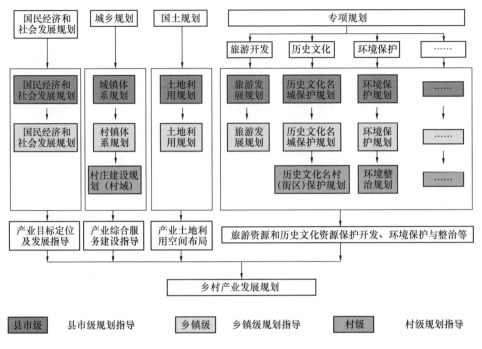

图 4-1　上位规划协同引导图

4.2.2　自身发展潜力的深入发掘

鉴于目前乡村存在生产要素和资源条件有限、土地供给固定等发展限制条件，村级产业发展更要注重各方面潜力的深入挖掘。外部潜力方面，应注重区域潜力的挖掘，其自身产业必须融入所在的区域产业环境中，且要将自身产业发展服务于区域整体的最优发展，进而促进形成地域产业发展综合体，并在区域整体发展中最大限度争取自身发展所需生产要素的最佳配给。自身潜力挖掘方面，则要将自然地理条件、交通条件、文化资源等作为其潜力挖掘的重点。

4.2.3　优化、提升原有产业结构，发展主导产业和特色产业

由于乡村地区经济组织结构以农民个体农业经济活动和村民集体经济组织为主，在缺少行政干预的情况下，农民自发形成的产业发展取向和村民集体经济组织的产业发展方向必然存在一定的相左现象，不利于形成乡村发展

的主导产业，更不利于构建完整的产业结构体系。因此，在村级产业构建中，应加强行政的理性引导，结合上位规划，通过区域产业综合分析定位，确定乡村主导产业，围绕主导产业完善产业结构体系。同时应注重把握新政策、新技术和市场动态，结合产业结构精益化、动态化调整，不断完善和调整产业链条，实现村级产业结构的实时优化、升级，适应不断变化的市场需求。

在以市场作为基础性资源配置方式和机制的社会里，从效益最大化原则的角度来看，区域经济的增长最终必须依赖于其有别于其他区域的区域特色。市场经济下商品的供需关系动态变化相对较大，乡村产业发展应理性分析自身资源优势、进行准确的市场定位，以市场需求作为导向，发展在区域中具有鲜明的地域性、不可替代性、可持续发展性和竞争力的特色产业。以成都市三圣花乡为例，重点发展当地特色产业，通过打造"幸福梅林""江家菜地""东篱菊园""荷塘月色""花乡农居"这"五朵金花"，推动了城乡统筹建设和地方经济发展。

4.2.4　落实产业用地空间布局

村级产业结构中，第一产业所占比重相对较大，且产业门类多样，不同产业门类的生产依附于不同性质、不同条件的土地。在这种情况下，应该结合国土规划，综合协调乡村土地利用规划中确定的土地利用性质展开产业空间布局，将各个产业门类落实到与之相适应的土地中，适当引导加工业和服务业的发展，既可以有效地实现土地资源的合理、充分利用，又能使产业规划的实施得到切实的保障，增强产业规划实施的可操作性。

4.2.5　强化中心村综合服务职能

在乡村产业发展的行政层级及空间构成中，中心村是汇集其所辖各自然村多种服务功能的区域，是各种信息传递的最直接门户，也是美丽乡村各类产业产品对外展示的形象窗口。在村级产业发展中，中心村发挥着不可替代的聚集和辐射作用，是村域各自然村、各产业产品对外对接的直接贸易市场，同时其市场定位也最直接影响所辖自然村产业发展方向。因此，在美丽乡村产业发展规划过程中，必须重视中心村的服务职能，通过美丽乡村物质空间的规划和建设，进一步加强以服务产业为主的公共、公益等设施及相关配套的营建，以充分发挥中心村的综合服务职能。

4.3 产业规划原则

4.3.1 以人为本，遵循民意

发展产业要充分尊重农民意愿，编制产业规划过程中要尽可能深入农户实地走访，充分征求农民意见。要通过对美丽乡村及其政策、规划的宣讲，引导和鼓励广大农民积极参与美丽乡村建设，发展生态经济。要始终把农民群众的利益放在首位，在产业发展上优先考虑民生，发展成果优先惠及农民。

4.3.2 生态优先，彰显特色

谋划产业发展必须遵循自然规律，处理好保护与发展的关系，要在谋求发展的同时切实保护好农村生态环境，保持乡土田园风貌，同时要结合本地区资源特色，因地制宜发展符合本地区的优势特色产业，通过产业的发展彰显地方特色，突出地域文化风格，留住乡愁。

4.3.3 产村相融、突出重点

要把产业发展和新村建设统筹起来考虑，坚持以集中居住为主要居住方式、规模经营为主要生产方式，新村带产业，产业促新村，形成相互促进的布局，引导农村生产方式和生活方式同步变革。产业选择上要根据地区实际各有侧重，重点打造最具地区优势和特色的产业，形成具有地域特色的品牌产业。

4.4 产业发展模式

4.4.1 高效种植型

主要集中在我国农产品种植规模大、品种优、土壤条件较好、农业机械化水平高的农业主产区。其发展特点是农业基础设施相对完善，以发展农业作物生产为主，人均耕地资源丰富，农产品商品化率较高。在"生产发展、生活富裕"的目标促进下，农业产业建设通过建立农业专业合作社，促进基层民主建设，增进了人与社会的和谐，并实现了一定程度的农民自主管理。

　　永征村是四川省三台县永新省级新农村示范片中的一个小村庄，昔日的永征村偏僻落后，干旱少雨。在美丽乡村建设中，永征村确立了"1＋3＋2"的产业发展模式，即以米枣为主导产业，其他种养殖和农家旅游为配套产业，联合川农大、省农科院建立了米枣科技示范园和加工物流园，依托米枣专业合作社建立农产品营销体系。如今，永征村及其周边 22 个村已经被确定为米枣产业核心区，连片种植面积达到 4 万亩。随着米枣产业的快速发展，农民收入水平快速提升，永征村启动了新村居民聚居点建设，按照"川西民居"的风格定位统一规划建设，建成了环境优美、文明宜居的农村新型社区，永征村也成为产业兴村的丘区样板，如图 4-2 所示。

(a)

(b)

图 4-2　四川省三台县永征村

（a）四川省三台县永征村大力发展米枣种植；（b）四川省三台县永征村美丽乡村风貌

4.4.2 规模养殖型

根据养殖种类和地域差异，可细分为草原牧场型、生态养殖型和渔业开发型三种模式：

1. 草原牧场型

主要集中在我国北部和西北部的牧区、半牧区县（旗、市），其发展特点是草原畜牧业是当地经济发展的基础性支柱产业，是村民收入的主要经济来源，在此基础上大力发展境内游牧部落旅游景点和农家乐，带动乡村产业经济的发展。

脑干哈达嘎查是内蒙古锡林郭勒盟西乌珠穆沁旗浩勒图高勒镇的一个传统草原村庄，总面积 44600 亩，可利用草场面积 33800 亩，人均草场面积 180 亩。育肥肉牛和良种公牛是嘎查的主要产业。按照美丽乡村规划要求，嘎查以建设社会主义新牧区、建设草原上最美乡村典范为目标，大力发展肉牛养殖及后续产业，配套发展牧区旅游观光，引入恒益饲草业有限责任公司，成立了 2 个合作社，建成 10 处标准化育肥牛棚圈、16 处标准化牛棚，累计育肥牛 540 头，增收 44 万元。同时，嘎查联合旅游公司成立牧民新居旅游点 2 处，旅游收入达 25 万元。2014 年，嘎查人均纯收入就达到 1.95 万元。随着收入水平的提高，嘎查集中建设了牧民生活区，完成 36 套牧民住宅建设，水、电、路、商店、卫生室、户外活动场地等配套设施也实现了全覆盖，已经成为草原上一座幸福的美丽新村，如图 4-3 所示。

2. 水产养殖型

多集中建设在沿海和水网密布地区的传统渔区、水乡地区，水产养殖在农业产业结构中占主导地位。其发展特点是产业纵向发展主要以渔业发展为主，通过发展渔业拓宽横向产业结构调整，加强周边附属加工产业和水产养殖产业的建设，一定程度上促进村民就业，增加渔民收入，农村经济得到提升。

湖北省宜都市是我国鲟鱼养殖的核心区域，渔洋溪村是该市红花套镇九个鲟鱼养殖专业村之一。近年来，宜都市结合新型化城镇化建设，将鲟鱼养殖龙头企业——天峡鲟业公司自主发明的生态循环水工业化养鲟模式推广至

图 4-3 脑干哈达嘎查美丽乡村风貌

渔洋溪村，与当地农户合作，把江河库湖传统养殖模式"搬"进农民家庭立体厂房，农户利用统一规划建设的住宅地下空间发展鲟鱼养殖，收获季节由龙头企业回购，推动一产的发展；龙头企业将鲟鱼进行分割销售及深加工，促进二产发展；农户因地制宜开发鲟鱼养殖观光与农家乐、渔家乐，繁荣了三产，实现了足不出户创业致富，收入显著提高，为破解"三农"难题创出了一条新路。这种模式因此被称为"天峡模式"，帮助农户实现增收近 10 万元，渔洋溪村也因此成为湖北省新农村建设示范村，如图 4-4 所示。

3. 渔业开发型

渔业开发型主要集中在沿海和水网地区的传统渔区，其发展特点为产业是以渔业作为当地经济的支柱产业，通过发展渔业促进就业、增加渔民收入、繁荣农村经济，渔业在农业产业中占据了主导地位。

冯马三村是一个具有 300 多年历史的古村，位于广东省广州市南沙区横沥镇的南端，如图 4-5 所示。南沙区地处珠江入海口虎门水道西岸，是西江、北江、东江三江汇集之处，海域咸淡水交汇，渔业资源种类繁多，是我

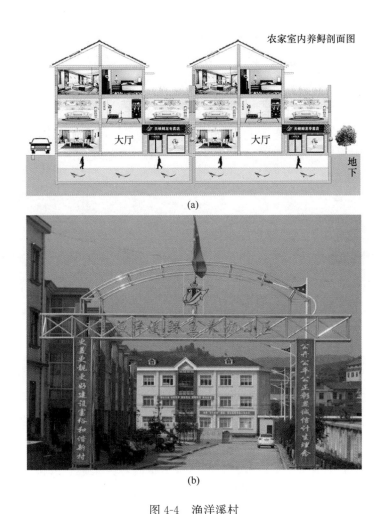

图 4-4　渔洋溪村

（a）渔洋溪农户住宅养殖鲟鱼模式图；（b）渔洋溪村新貌

国主要经济渔场之一——珠江口渔场的重要组成部分。冯马三村作为南沙区渔业产业模式的典型代表，有 985 亩的集体鱼塘来发展高附加值水产养殖；此外，在完善村容环境、提升渔业产业的基础上，注重文化融合，挖掘文化特色，寻求文化融合点，彰显文化元素，实施文化惠民工程，丰富和提升"美丽乡村"的建设内涵。目前，冯马三村的文化摄影基地、冯马大戏台、沙田水乡特色连心桥、文化小公园等一批文化项目均已投入正常使用，吸引

图 4-5　冯马三村

了众多游客。在冯马三村产业提升的带动下，2013 年南沙区水产养殖面积达 12.03 万亩，水产品总产量约 12.93 万吨，同比增长了 9.67%；渔业产业总产值为 21.58 亿元，同比增长了 12.98%；海洋总产值占本地区 GDP 的比例极大上升：从 2010 年的占比 51.02%，逐年上升至 2013 年的占比 71.93%。可以说，渔业发展模式正成为以冯马三村为代表的南沙区的主要农业生产模式。

　　我院参与的广东省台山市中国农业公园项目的部分区域也规划了渔业开发型模式，该区域通过保护整治卫城遗址、海永无波公园、烽火角构成的广海卫城文化资源，整合提升改区域的渔村文化及以长沙村为代表的客家文化资源；依托老虎头、鹿颈咀、大湾、鱼塘湾等处优良的岸线资源，打造高品质的滨海旅游区；拓展乡村度假酒店、企业活动中心等项目。以现代海洋产业为主导，主要发展滨海渔业、渔业科研孵化、海产品加工等产业，并注重与旅游资源的结合。通过梳理旅游线路，配套自驾营地、游船码头、游客服务站等旅游基础设施，打造渔村文化主题区、广海卫城主题区、客家文化主题区、滨海旅游主题区等四大主题功能区，形成以滨海旅游为支撑的复合型旅游区。具体规划如图 4-6 所示。

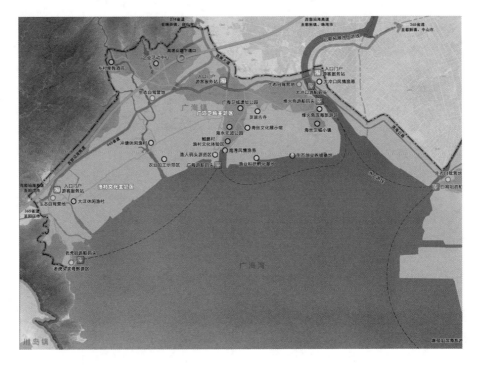

图 4-6　广东省台山市中国农业公园项目的南部区域

4.4.3　科技工业型

主要集中在交通便利的大城市郊区，这些地区交通便利，水、电、通信、信息、金融等各类基础设施比较完备，劳动力资源相对丰富，土地成本低，适合发展高科技产业。

官桥八组是湖北省嘉鱼县官桥镇的一个小村庄（图 4-7），村庄紧依长江，毗邻京汉铁路和京珠高速，距离武汉仅一小时车程，能充分享受到大都市的科技辐射影响。从 20 世纪 80 年代起，官桥八组为了摘掉贫困的帽子，开始探索创办集体企业，1993 年组建成立田野集团，拥有长江合金厂、嘉裕钎具公司、中石特管公司、武汉东湖学院等一批高科技企业和经济实体，同时还联合中国博士后基金会共同组建了"中国博士后田野高科技工业园"，并与清华大学等著名学府及科研单位建立了全面合作关系，高新技术产业利润占到总利润的 80% 以上。到 2014 年，官桥八组集体总资产达到 25 亿元，集体收入达到 15 亿元，村民年人均纯收入 5 万元，被誉为"神州第一组"。

(a)　　　　　　　　　　　　　　(b)

图 4-7　官桥八组

（a）官桥八组乡村风貌；（b）官桥八组田野集团

4.4.4　文化传承型

　　主要集中在人文景观资源丰富的地区，这些地区拥有丰富的古村落、古建筑、古民居等物质文化遗产，以及传承较好的民俗文化和非物质文化遗产，乡村文化气息浓厚，文化展示和传承的潜力大。

　　平乐村位于河南省洛阳市孟津县平乐镇，该村自古就有种牡丹、爱牡丹、画牡丹的风尚，并形成了以农民画家为主体的牡丹画创作队伍，是全国唯一的牡丹画生产基地，被誉为"农民牡丹画创作第一村"（图 4-8）。随着洛阳牡丹文化影响力的不断提升，平乐村结合自身优势，把牡丹画创作作为

(a)　　　　　　　　　　　　　　(b)

图 4-8　平乐牡丹

（a）平乐牡丹画创意园区；（b）牡丹画深受国外友人喜爱

主导产业，规划建设占地600亩的牡丹画创意园区，打造集培训、绘画、装裱、销售、接待、外联于一体的牡丹画产业链，牡丹画远销美国、日本和东南亚国家。与此同时，平乐村还将牡丹绘画、平乐水席、民间艺人篆刻等传统文化糅合于乡村旅游中，游客可赏花，可观画，可品平乐水席，可购篆刻印章，既传承了传统文化，又促进了乡村经济发展，探索出一条以文化产业振兴乡村经济的新路。

4.4.5 休闲旅游型

主要集中在适宜发展乡村休闲旅游的地区，这些地区的特点是旅游资源丰富，生态环境优越，住宿、餐饮、休闲娱乐设施完备，交通便捷，距离城市较近，适合休闲度假，发展乡村旅游潜力大。

高洞村是四川省武胜县白坪乡的一个小村落，位于武胜现代农业园区核心区（图4-9）。高洞村地理位置优越，交通便利，省道304线过境，紧邻广遂高速飞龙出口。全村以种植甜橙为主要产业。高洞村按照农旅结合的思路，在大力发展甜橙种植的基础上，重点打造甜橙文化景区，建成占地1000亩的甜橙果园、柑橘博览园、甜橙体验园、甜橙文化广场、橙意特色商业街、下坝记忆建筑时代秀等旅游新景点，配套发展了"橘子红了"乡村酒店、甜橙山庄、农夫集市、自行车驿站、观光车道等旅游配套设施，近两年过节期间每天接待游客均达到万人以上。

(a)　　　　　　　　　　(b)

图4-9　高洞村

（a）高洞村"橘子红了"乡村酒店；（b）高洞村甜橙新村

4.4.6　红色旅游型

主要集中在革命老区，与著名革命人物生平、著名战役有关的地区，这些地区的特点是红色旅游资源丰富，并且保存较为完好，适合开发红色旅游和爱国主义教育。

乘马岗镇位于湖北省麻城市西北部、鄂豫皖三省交界处，是全国著名的革命老区、黄麻起义策源地以及红四军、红二十五军、红二十八军的诞生地（图 4-10）。新中国成立后，乘马岗镇被授衔的将军达 33 人，其中包括王树声、陈再道、王宏坤等 26 名开国将军，是"全国将军第一乡"。乘马岗镇现有乘马会馆、邱家畈八七会议纪念碑、各处战斗遗址、将军故居、烈士墓、将军墓等红色遗迹近 100 处，是全国推荐的二十条红色旅游精品线路之一，红色旅游资源非常丰富。乘马岗镇借势发力，顺势而上，在保护、修缮遗址遗迹的同时，积极打通将军故居道路、打造精品景点、设立标牌标志，大力开发红色旅游资源，助力美丽乡村建设。仅今年清明节期间接待游客就达万余人次。

(a)　　　　　　　　　　　　(b)

图 4-10　乘马岗

（a）乘马岗将军墓；（b）乘马岗入口

4.5　产业空间布局

4.5.1　影响产业空间布局的因素

产业空间布局要充分考虑场地条件、生态条件、产业基础、市场需求以及乡村的发展意愿。平地适合发展大规模粮油、蔬菜、花卉种植产业，以及工业生产、高科技产业和商贸服务产业，有利于集中集约利用土地，有利于规模化、机械化，也有利于营造大规模景观；坡地、山地更适合发展经济林果种植、生态林种植、林下经济（包括立体种养等）产业以及山地旅游、养生休闲产业等。对于养殖产业来说，出于对生态承载能力和环境影响的考量，大多数地区也把畜禽养殖产业项目布局在山间、坡地、沟谷地带。此外，乡村产业基础、周边市场需求以及地方发展意愿也在一定程度上影响着乡村产业的布局和项目选址。

4.5.2　产业空间布局模式解析

下面以湖北省某美丽乡村产业规划为例，进一步详细阐述如何进行产业空间布局。

1. 项目区基本情况

项目区位于湖北省黄冈市，处于"黄州东坡赤壁至团风杜皮"这条人文、红色旅游线的中端，京九铁路和大广高速公路于村旁交汇，是中共"一大"代表陈潭秋烈士的故乡，建有占地百亩的陈潭秋故居公园，每年前来接受革命传统和爱国主义教育者达 20 万人次以上。项目区交通便捷，红色旅游开发潜力大。

2. 项目区产业现状及问题

项目区现状产业主要有种植业、养殖业、红色旅游类。其中：

种植业以优质水稻和油菜种植为主，另有少量水生蔬菜、经济林果种植，存在产品质量不高，品种老化，缺乏特色，以散户种植为主，缺乏专业化服务，组织程度不高等问题。

养殖业以普通淡水鱼（鲢鱼、青鱼等）养殖和家禽（鸡、鸭、鹅）养殖为主，存在缺少特色品种、无生态养殖模式、与其他产业融合程度较低、经济效益不高等问题。

红色旅游主要依靠陈潭秋故居公园，开展爱国主义教育，基础虽好，但缺乏对资源的深度挖掘，旅游项目单一。

3. 产业模式选择

项目区美丽乡村主导产业选择遵循从现状基础出发，紧抓发展机遇，构建新型的产业分级和产业模式。

项目区生态环境良好，拥有山水景观、文化遗产等自然人文资源，以及林果、粮油、水产、蔬菜等现状产业基础。交通区位优越，京九客运专线阜阳至九江段、武汉至杭州快速铁路、大别山至井冈山红色快速通道、货运机场建设等项目给项目区交通设施提升带来极大利好。同时，随着国家休闲农业与乡村旅游有关鼓励政策的出台，结合"黄州东坡赤壁至团风杜皮"红色旅游线的市场需求，项目区从现状基础出发，紧抓发展机遇，构建起新型的产业分级和产业模式，如图 4-11 所示。其中：

主导产业为：红色特质的休闲农业与乡村旅游；

特色产业为：林果采摘；

基础产业为：绿色粮食、特色水产、有机蔬菜。

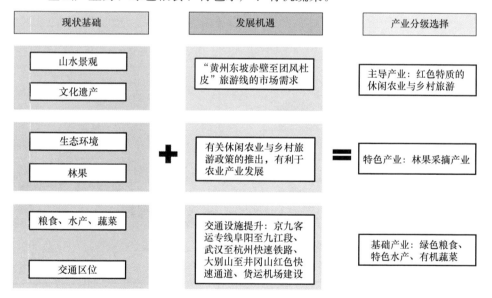

图 4-11 项目区主导产业解析图

4. 产业发展模式

突出产业基础、红色文化、生态环境、乡土村落四项资源禀赋，通过旅游经济撬动及特色品牌打造，构造红色爱国教育、农业休闲体验、观光度假提升、多彩主题村落"四位一体"乡村空间，整体形成"四位一体"乡村空间＋"农旅双链"产业模式，如图 4-12 所示。

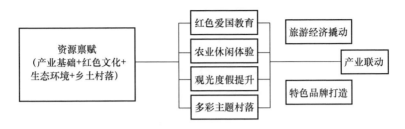

图 4-12　项目区产业发展模式解析图

5. 产业空间布局设计

依据现状村域地形地貌及现状产业布局特点，规划形成"三梯三态"的产业布局模式，如图 4-13 所示。

位置	水塘	丘谷	坡顶
产业类型	水产、水生蔬菜	水稻、蔬菜、水产	林果
模式选择	立体种养 水产—水生蔬菜	稻菜轮作 稻虾共养	果园采摘为主
产业选择	重点发展水生植物： 莲、荸荠、水葱、 梭鱼草 水产：鱼、虾、蟹等。	重点发展休闲观光项目 稻：功能稻 菜：叶菜、果菜 养：小龙虾	重点发展适宜采摘的林果种植： 葡萄、蓝莓、冬枣、桃子等
位置 图示			

图 4-13　项目区产业布局模式解析图

第一阶梯为水塘，处在最低点，主要产业类型为水产和水生蔬菜，发展水产养殖和水生蔬菜种植的立体种养模式，产业种类选择重点发展水生植物莲、水葱，水产为鱼、虾、蟹等。

第二阶梯为丘谷，处在中间阶梯，主要产业类型为水稻、蔬菜、水产，模式选择为稻菜轮作、稻虾共养，产业种类选择重点发展休闲观光项目及功能稻、叶菜、果菜、小龙虾等。

第三阶梯为坡顶，处在地域最高层，主要产业类型为林果，模式选择为果园采摘为主，产业种类选择重点发展葡萄、蓝莓、桃子等适宜发展采摘的林果种植。

该村依托红色资源，策划了红军生活体验园、革命根据地商店、爱国主义教育基地、红色婚礼定制基地、开垦体验园、红色园林六大红色文化旅游项目，沿水岸打造一条红色文化教育及休闲体验带，有效促进了乡村红色旅游发展。

6. 产业空间结构

整体产业空间结构为：一带串三区（图 4-14）。

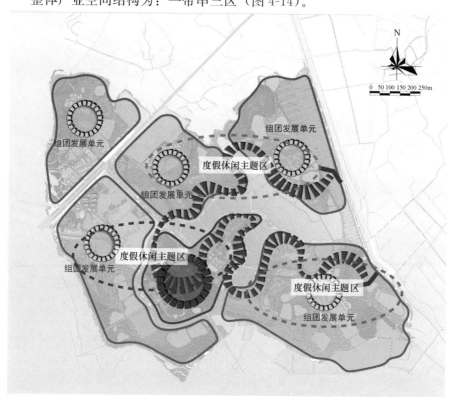

图 4-14　项目区产业空间布局图

融合当地红色文化，以沿水岸红色飘带为统领，产业上环湖集中打造红色文化教育及休闲体验带；形成一条飘带串联各滨水项目。

体验带统领优质林果、绿色粮食、水生种养三个产业主题片区的发展。

参考文献

[1]　梁鑫斌，郭娜娜，王雪娟 . 美好乡村产业发展专项规划研究——以凤阳县梨园村为例[J]. 井冈山大学学报(自然科学版). 36(6)：79-84.

第5章 民居建筑规划

5.1 民居建筑整体设计思想

5.1.1 民居建筑设计的现实需求

1）城乡统筹发展，美化乡村建设的需求

当前我国处于社会经济发展转型关键时期，从城乡统筹发展的高度，社会经济发展重点逐步向乡村和小城镇倾斜，尤其我国乡村蕴藏着巨大的发展潜力，近年社会各界关注乡村发展，物流经济、创客企业、旅游经济都在乡村蓬勃发展起来。与经济发展相适应的，是乡村的物质环境建设。民居建筑是乡村物质空间的主体。优美舒适而又富有传统地域文化特色的民居建筑，是当前村镇建设中最基本的需求。

2）城镇化发展，改变贫困荒芜的乡村面貌的需求

随着城镇化建设的加快，原有分散居住的许多村民，搬迁至新型镇区，仅有少数老人留守，农民自建的民宅缺乏统一的规划和设计，且部分破旧倒坍或储藏杂物，或做养殖用途，有些建筑年代久远局部倒塌，村容村貌及卫生状况堪忧，缺乏管理，安全情况不甚理想，改变荒芜的农村面貌是当务之急。

3）建设集约型社会的需求

农村老旧住宅大量存在，有些虽然仍处于设计寿命期，但功能、设施、外观已不能满足当前需要，如何在已有的限制条件下为旧建筑注入新的生命力，完成农村旧建筑的改造成为近几年来关注的热点问题。建筑建造以及使用过程中会带来环境污染，需要节能减排。倡导改建，可以比新建建筑节省主体结构的费用，而这占总资金的绝大部分，且原有的基础设施可继续利用，建设周期短，经济回报率高。尽可能节约资源和减少资源消耗，并获得最大的经济和社会收益，旧建筑改造是最理想的途径。

5.1.2 民居建筑设计思想

相对于城市建筑，乡村民居建筑更富有中国特色，设计应当遵循尊重地域文化、生产与生活相结合、传统与现代相结合的整体设计思想。

1）尊重地域文化

地域文化是民居建筑的灵魂，设计中要深入研究体会地域文化的综合体现，在地理自然环境、民俗生活、信仰与民居建筑之间的密切关系方面，向传统文化学习。民居建筑反映了当地的生活习惯和文化传承，建造方式可能是原始的，但适应当地气候。农村建筑相比城市设计而言随意性较大，建筑风格不统一，设计需要根据建筑物的现状条件梳理归类，分别对待。无论保留还是拆除、改建还是扩建，都不能简单粗暴地照搬城市建筑。传统处理建筑材质特性的表现方式是地域建筑文化的基本语汇。建筑师要虚心向民间学习，学会充分利用建筑材质特性因素，使建筑更加紧密地植根于地域环境，形成对地域建筑文化的延续，要珍爱每一个乡村里的人文情感。许多项目改造时，虽然镇上的新房干净又卫生，许多农村的老人还是不愿搬走，因为他们见证了农村发展的历史和延续性，在广袤的农村心灵可以得到慰藉，对这种空间和时间上的文化认同构成了情感归宿。建筑只有承载并延续了物质和非物质文化资源，才能与环境共鸣。

2）生产与生活相结合

乡村民居建筑与城市住宅最大的差异就是，在乡村中生产与生活通常是叠加在一个空间的，最简单的例子就是农业生产工具在民居内存放使用。传统的农业、手工作坊等都是与民宅在一起的，即便是现在，年轻的创客一族给乡村注入新的活力，民宅也是重要的生产资料。民居建筑的设计要充分结合乡村发展特色，在满足乡村发展的经济产业定位的同时又满足居住生活需求。民居是乡村组成的重点内容，乡村的发展还是要依靠大量的农民，要解决三农问题也需要民居建筑与之相适应。

3）传统与现代相结合

乡村发展最重要的表现是人居环境的改善。传承传统文化的同时，满足现代生活需求，这是现阶段乡村发展的共识。尊重传统生活习俗，保护优美的村庄风貌，同时引入现代服务设施，大大改善居住舒适度，是乡村民居设计的根本目标。

5.1.3 民居建筑设计手法

1）本土设计

本土设计是根植于地域文化沃土之中的一种建筑思考。建筑设计大师崔恺先生创建本土设计工作室，对本土设计给出了诠释："本土设计关注的是在特定的环境中寻求具体的特色。与国际上地域主义有所区别，也不同于重视建筑传统形式相关性的文脉主义，是以现时现地为本，从传统文化中汲取营养。本土设计涉及社会政治、经济状态、地域文化脉络、科学技术的基础、土地、环境资源、气候资源、生物材料资源等。通过立足本土的理性主义思考，生发出多元化的建筑创作，其中包括生态建筑、地景建筑、文脉建筑等一系列多样化的建筑类型，所以这不是导向特定的一类建筑，而是呈现出非常丰富的一种建筑多元化的景象。"崔恺先生还指出，本土设计不是指乡土主义，主张本土文化的创新，反对保守与倒退，建筑不是个人的作品，而应属于土地。所以在项目设计中，追求在满足建筑基本诉求的基础上给予适合的本土特色。

2）生态设计

乡村建筑改造生态设计的目标是绿色居住。典型的农村住宅、开敞的院落、充足的自然光、原生的材质和充足的绿植等就是绿色居住理念的体现。使用环保产品，质量可靠、安全。而更深层次的绿色居住是追求可持续的生活方式，它意味着更少的能耗，更精简的需求，更朴素的美学主张。在改建过程中，将环境因素纳入设计之中，从产品的整个生命周期减少对环境的影响。从保护环境角度考虑，减少资源消耗、从经济角度考虑，降低成本。大量使用乡土物种以及水体净化等生态措施，设计可充分利用建筑旧材料（包括旧砖瓦的再用）、节约造价、倡导低成本维护等生态理念，建筑物的节能设计，以及大面积可渗水的地砖铺地，利用自然调节和净化能力，以降低对环境的不良影响。

3）节能设计

农村既有建筑节能改造是指对农村或乡镇地原有能耗较高的建筑物进行结构、设施、使用条件等方面采取降低能源消耗、有效利用可再生能源、提升建筑物舒适度的改造活动。

目前，我国农村地区既有建筑面积要多于城市既有建筑面积，而且实际盖起来的房子节能要求均低于城市建筑，加上农民的节能意识都普遍较低，农村既有建筑的节能潜力远大于城镇既有建筑。既有建筑在农村可改造的主要方向为：围护结构改造、灶具改造、取暖设施改造、可再生能源利用。最关键的一点是要培养节能意识，养成良好的节能习惯。

5.2 民居改造设计

我国乡村的现状是民居占地过多过大，一户多宅情况较多。充分利用现有民居，控制乡村无序蔓延，保护耕地资源，是乡村建设重要任务。与之相适应的，乡村民居建筑设计的一个重要内容也是民居改造，尤其是大量有珍贵文化价值的传统民居建筑的改造；另一方面，由于前一阶段乡村快速建设，大量近年建设的缺乏风貌特色的农村"火柴盒"房屋，在未来乡村建设中属于鸡肋，但其建筑质量较好，拆除则浪费，保留又大煞风景，与村庄自然环境和传统文化格格不入，需要进行美化改善，进而提升村庄审美文化，改善村容村貌。

5.2.1 传统民居修缮与改造设计

传统民居在我国乡村现存建筑中占有较高的比例，近年来，随着历史文化名镇名村、传统村落等文化保护工作推进，以及乡村民宿旅游产业发展，对传统民居的改造越来越多地得到社会关注。其中各级文物保护单位、历史建筑类的民居，在文物以及相关保护的法规条例中有明确保护修缮要求，在保护修缮之后恢复原貌，即"修旧如故"原则，由专业部门参与修缮设计和施工。本章所涉及的传统民居改造对象，是除以上文物保护单位、历史建筑等保护类民居之外的，具有传统特色的民居建筑。

传统民居修缮改造首先需要进行评估和结构测算，一般可以请有经验的设计师和工匠完成。评估是对其风貌特色、文化价值进行综合分析，从风貌元素、特色建造、安全结构、使用空间和生活习俗等方面，提出需要保留的内容，即"不动"的内容，之后结合村子整体发展产业定位、居民生产经营需求，以及现代生活需求，在空间划分、物理性能和基础设施条件等方面提出改造设计的策略，即"可动"的内容。只有明确了"不动"与"可动"，才能进行下一步设计，其中包括需要进行的结构方式调整。传统民居改造中结构调整可以两种策略：第一是完全传统结构体系加固，替换破损结构构件，传统材料传统工艺，但施工技术要求较高；第二是在原结构基础上再重新植入一套新结构体系，通常可用钢结构等，组成一套新结构，甚至取代原有结构体系，使原结构成为围护体系和文化装饰体系。这种策略通常会结合现代材料运用，产生现代与传统风格的碰撞，在民宿改造设计中被大量运用。

　　例如四川省某镇是历史文化名镇，未来发展定位为以居住、旅游文化休闲为主要功能的商贸型文化古镇。所选改造的民居为核心保护区内一处普通传统穿斗结构民居，改造设计首先对现状保护情况进行调查，测绘院落，并制作档案表（图 5-1）。设计本院落可以作为茶馆餐厅或接待客栈使用，对原有穿斗结构进行加固，传统做法修缮屋顶。内部针对传统空间采光通风差等问题，拆除部分内部隔断，改善通风效果，增加了楼梯，方便上下使用，并在后部改造了卫生间，增加了下水系统。沿街立面改造是立石镇风貌整治的一项重要内容（图 5-2～图 5-4）。对于以商贸经营为主的传统村镇来说，未来发展定位要突出特色，通常仍是以旅游商业为主，整治传统商业街风貌是必不可少的内容。

5.2.2　现代农房风貌改造设计

　　现代农房风貌改造主要是由于近年大量民间自建住宅，其中大部分施工粗糙、缺乏设计，更与传统文化不相关，但是民居内部通常都是比较现代的设施，结构也比较稳固。这类民居改造的目的更主要出于美丽乡村发展实际需求，同时也是为一个地区乡村民居建设做一个范本实验。传统民居的改造属于"保外改内"，而这种现代农房改造属于"改外留内"。

　　例如，在甘肃某村美丽乡村整治设计中，改造主要针对近年村民自建的砖混结构水泥民居。村内传统民居强调墙面肌理传统材料美感，建筑与大山

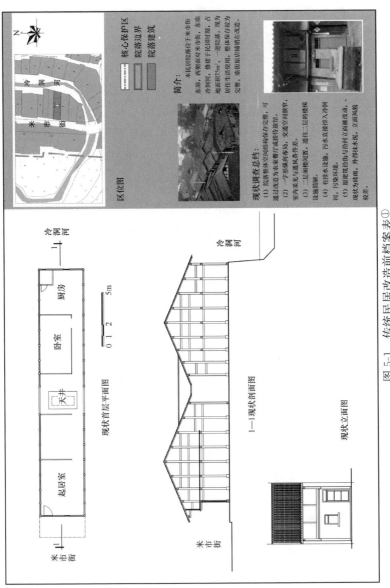

图 5-1　传统民居改造前档案表①

① 中国建筑设计研究院城镇规划设计研究院编制，《四川省泸州市泸县立石镇保护规划 2014—2030》，2015；下文图 5-2、图 5-3、图 5-4 出处均同图 5-1。

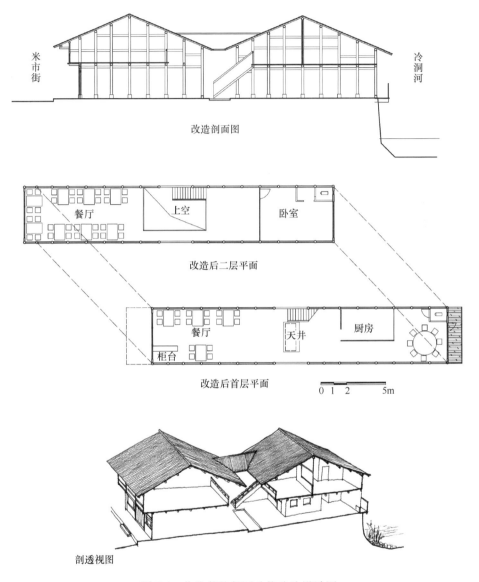

图 5-2　作为茶馆餐厅功能改造设计图

背景、地面石材、绿植的协调组合，运用墙裙、墙身、檐口三段式墙面，院内柱廊，栏杆，红黄色彩搭配，非常富有地域淳朴的民俗特色。现代建筑为混凝土框架结构体系，黏土砖填充维护，外部以水泥抹面，是村内需要进行

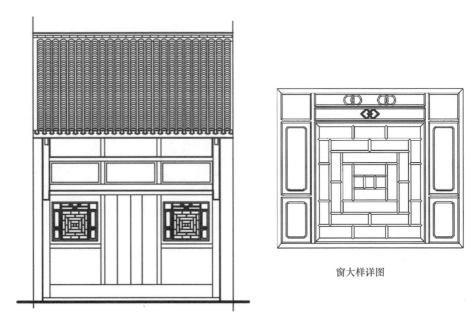

窗大样详图

图 5-3　门窗改造细节

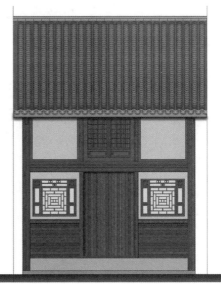

图 5-4　立面改造前后对比

建筑外立面整治的重点。

（1）整治手段有：在整体墙身材质色彩更换以及入口大门、窗套窗台、屋顶檐口等部位进行重点装饰。墙身整体改造风格接近传统乡土建筑特色。墙身突出传统乡土特色，通过麦秸泥、黄泥用扫把刷丝等手法，形成粗糙而富有自然肌理的效果。

（2）窗效果处理：窗洞内部在原窗外侧增加一处木质窗套，酌情可增加外层窗，形成内外两层窗，加强外墙保护隔热效果。窗洞外部装饰处理，在窗台、窗楣等处增加碎砂卵石、粉刷特殊颜色等，强化窗口。

（3）整体效果：以麦秸泥、天然石材的自然材质为墙面主体，上层土黄，色彩明快；下层暗灰，色彩沉稳。

（4）装饰效果：窗、女儿墙为重点装饰区，通过白、暗棕红、黑的对比形成视觉中心，起到墙面点睛效果。

（5）具体手法（图5-5～图5-8）：

图 5-5　村内传统民居

① 麦秸泥：原水泥外墙面拉毛，挂竹片或铁丝网，增强挂泥牢固性。麦秸泥混合抹平后，主要保留天然材质色彩。

② 卵石墙裙：近地面贴墙砌筑本地毛石、卵石，厚度不小于150mm。石材既增添墙面效果，同时作为上部麦秸泥的承重层，并避免近地面麦秸泥被碰撞或雨水浸润造成破坏。

图 5-6　需改造设计的现代民居

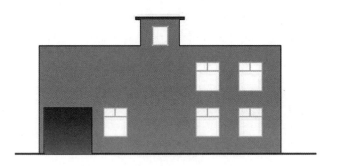

图 5-7　民居改造前立面①

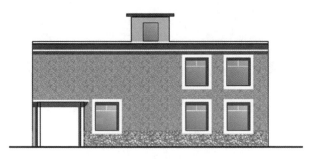

图 5-8　民居改造后立面

①　中国建筑设计研究院城镇规划设计研究院，《甘肃省安子坪村村庄整治规划》；图 5-5、图 5-6、图 5-8 出处均同图 5-7。

③ 窗处理：在窗洞外围增加一圈白色粉刷涂料，要求色彩鲜亮、涂抹平整，与麦秸泥的粗糙形成对比。窗框外层增加黑色断桥铝窗套，形成内外双层窗，增强保温效果。突出窗洞的内凹效果，在天光下形成深投影，与外圈白色形成明显的对比，通过对比强化视觉冲击力。

④ 女儿墙重点装饰带：女儿墙部分划分为三段：顶部压顶——砂砾石混凝土压顶，刷白色。中段——棕红色装饰带，可由村民绘制细节纹样。下部"鼻子"——外墙麦秸泥的顶端收头处理，刷白色。

5.3　乡村现代民居设计探索

近些年，我国各地在新农村建设中探索设计了新农村户型，普遍是借用城市住宅形式，让农民上楼。这种设计要与当地的社会经济和农民生产方式相适应，断不可搞一刀切全部上楼。从近年新农村建设的经验和教训看，照搬城市住宅大大破坏了乡村文化，美丽乡村建设中更应该探索的是在传统生产生活习俗的背景下新民居的设计。新民居的设计中要有传统住宅空间的继承和发展，而装饰做法和建造方式相结合，可以突出体现现代装饰审美艺术。乡村民居设计应体现地域文化，本节以阳城地区为例，从空间和形式两个层面探索乡村民居设计。

1）空间的继承与发展

总体要求：风貌延续、整旧如旧、新建协调。

（1）风貌延续：规划整治延续村庄现状整体风貌，通过功能更新和完善提升村庄生活品质。

（2）整旧如旧：村庄建筑整治改造充分尊重建筑现状，通过在现有基础上进行改造升级，使其在形式上与村庄整体风貌保持统一，在功能上实现现代宜居理念。

（3）新建协调：新建建筑色彩和材质保持与村庄原有建筑协调，着重表达村庄传统建筑文化。

① 院落空间

传统院落肌理的虚实变化主要体现在一种以"庭院为中心"的住宅形式

上，阳城地区"四大八小"的院落空间组织为这种住宅形式的典型建筑形制。建筑外墙即是基地的边界，它对外封闭；内部则是有秩序的建筑实体和庭院空间，它们之间互相开敞。"院落空间"不仅承担着交通职能，更是一种生活、交流空间。在"院落空间"中，院的重要性和房屋的重要性是相同的，绝不只是利用房屋平面布置后剩余的外部空间，而是有意识地去创造一个完整而适用的庭院，甚至把房屋看作围合院子的组成部分。

在规划中，根据使用需求把空间重新进行组合，形成新的秩序。现代的生活方式与传统相比有很大的不同，不再需要遵从传统礼制的秩序，对建筑空间的利用也更加集约化。在处理空间的层次上也利用透空的景墙、花架、小品来获得空间的渗透，使得被分隔的空间保持一定程度的连通。

在地形、经济等因素的制约下，以及考虑与庭院空间的交流，便形成了以"凹"形房屋围合成的庭院，而非传统礼制观念下的正房居中，四面围合。建筑不再只是采用单一的平面院落，而是发展了多种院落形式，如由多座建筑单体围合而成的"四合院"。使之不仅在传统肌理上与"四大八小"虚实肌理更为接近，也融入了现代生活的流线，空间组成更加符合现代生活，给整个室内空间带来了通透、亮堂、大气的感觉。

为了创造出多层次的院落空间，除了主要院子，还可以设计露台，形成空中立体小院即"院落＋露台"。主要房间均朝向内院采光，室内外相互交融，客厅向内部庭院延伸，使得室内外空间相互渗透，成为富有生活趣味的室外客厅，也十分有利于邻里之间的交往（图 5-9～图 5-12）。

② 入口空间

新建筑的"入口空间"可以继承传统建筑的入口平面形态。"入口空间"有的为内嵌式，节约了宅前空间；有的与二层窗户作为整体出现，强调了入口体量。同时，"入口空间"与"院落空间"有机相连，廊道也为居住者提供了漫游的体验，院与室内外的模糊区分也明显区别于客厅中心型住宅那种边界明晰的做法。

③ 客厅与卧室

我国传统建筑并不以直接的空间形态来划分内部的功能，因此，传统民

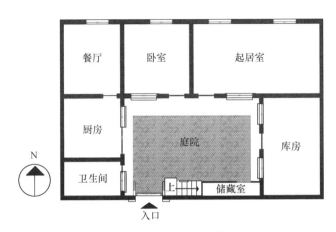

图 5-9 一层平面图①

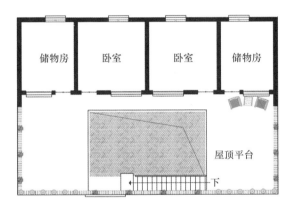

图 5-10 二层平面图

居各个居室的使用功能没有固定的模式,仅仅通过内部家具的摆放、装饰即可定义内部的空间属性,且常有多重属性。

传统民居的正房位于宅院中轴线上的靠北方位,象征着主人不可动摇的家长地位。正房三开间的居多,采用一明两暗的建筑形式,客厅位于明间,

---

① 北京中农富通城乡规划设计研究院,《山西晋城阳城县现代农业科技示范园详细规划 2015—2020》;图 5-10、图 5-11、图 5-12 出处均同图 5-9。

沥青瓦屋顶
安全性能、施工简易度、耗能节源、综合成本、美观度等方面都优于目前的黏土瓦、琉璃瓦、水泥瓦等产品。

传统式大门
大部分民宅大门框的材质与围墙的材质、色彩变化过于强烈。宜选择有颗料质感的涂料平稳过渡。

中空塑钢门窗
当地使用木门窗、合金门窗的情况比较普遍。建议使用具有保温性能的塑钢门窗。

保温隔热屋顶
现状建筑缺乏保温隔热技术措施，建议采用保温隔热屋顶，以便改善居住质量。

图 5-11 设计手法解析（一）

摆设长几、挡屏、自鸣钟、书桌。两侧暗间通过木质格栅与客厅相隔。其中一个房间放置祖先牌位和神位；另一房间多筑前炉后炕或放置睡床，冬季取暖用煤火。厢房的建筑规格、工料、装修比正房的等级低一些，通常为晚辈居住。

由于客厅使用时间长、使用人数多，在保护更新设计中，应注意使其开敞明亮，有足够的面积和家居布置空间，以便于集中活动，同时还应与院落等室外空间有较为密切的联系，甚至利用户外空间当成视觉上的伸展。再者，可将客厅窗台高度适度降低，扩大窗户的面积，加强室内外的联系，扩大视野。

普通村民家庭一般有 4～6 口人，根据人口组成，设计 3～4 个卧室。考虑到居民使用的舒适性，控制卧室面积在 14～21m² 之间。将院落式住宅的

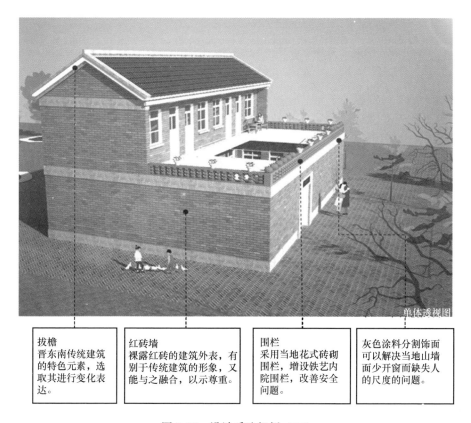

拔檐
晋东南传统建筑的特色元素，选取其进行变化表达。

红砖墙
裸露红砖的建筑外表，有别于传统建筑的形象，又能与之融合，以示尊重。

围栏
采用当地花式砖砌围栏，增设铁艺内院围栏，改善安全问题。

灰色涂料分割饰面可以解决当地山墙面少开窗而缺失人的尺度的问题。

图 5-12　设计手法解析（二）

卧室大部分布置在二层，有较好的朝向。卧室通过外廊连接，这样除可改善乡村住宅的内部空间外，还会使造型更加丰富化。

当卧室面积能够满足家庭需要时，平面上向后退进一些，在一层的屋顶上退出一定的平台，用作露台，既有使用性又能丰富住宅立面。

家庭养老、多代同堂，是村镇家庭的一大特点。因此，针对三代、四代同堂的住户，设计老人房，将老人房布置在一层、朝南、阳光充足，有利老人健康；同时，老人房还邻近出入口，使之出入方便，利于交往。

④ 厨房、卫生间

传统民居中位置不利的倒座、耳房通常为服务空间，如西北角的耳房通常用作厨房，东北角的耳房通常用作前后两进院落的联系通道，方位最不利的耳房一般设为茅厕，其余为储藏空间。

而现代厨房、卫生间的设计是居住文明的重要组成部分，人们越来越要求其合理布置。

过去呛人的油烟和杂乱的锅碗瓢盆曾经一度代表了农村厨房的形象，但随着厨房设备与燃料的改变，村民对厨房的理解和要求也就更多了。进行厨房设计，考虑到卫生与方便的统一，将厨房布置在住宅北面紧靠餐厅的位置，并有通过餐厅通往室外的出入口。厨房通风采光良好，厨房内不但有洗池、案台、灶台，而且根据"择、洗、切、烧"顺序布置成"一"字形或"L"型，满足村民现代生活需求。

随着人民生活水平的改善和提高，卫生间的面积和设施标准也在提高。仅在离正房较远的室外角落里设置一个简陋而不安全的蹲坑已不能满足广大村民的要求。在更新设计中，应在室外保留旱厕的同时，在新建的低层住宅中分层设置卫生间。

2）形式的保护与更新

（1）屋顶形式

屋顶形式是民居建筑的显著特征。传统乡村建筑屋脊、屋檐等处多有刻以吉祥图案的砖雕，而屋顶上的装饰构件也集中体现传统艺术的精美，如脊兽、悬鱼、惹草、博风等装饰物有宣扬人伦、孝悌、进学的礼制观念，有希冀福、禄、寿、喜的生存观念，也有追求天、地、人和谐统一的宇宙观念，它们都对屋顶轮廓的丰富起到了不小的作用。

在保护更新设计中同样引入富有中国特色的屋顶，将传统坡屋顶进行解构，用现代设计手法处理细部，把最具中国特色的元素运用其中。屋顶形式可选择以双坡屋面为主，南北向房屋屋顶高度略高于东西向。屋架可采用传统抬梁式屋顶做法，檩条和椽子采用木头，梁采用混凝土。屋顶铺瓦处理上，可使用筒板瓦屋面。装饰构件上可用一条简单的清水混凝土条取代原来做法繁琐的脊瓦、脊兽，檐口也可摒弃繁琐的椽子、斗拱，用简单的混凝土线脚取而代之。

同时，可采用双坡屋顶与屋顶露台相结合。屋顶露台通过运用轻钢构件或木构件以檩条组合排列的形式象征性表达屋顶，二者一实一虚，以合理的比例关系尺度出现在建筑立面上，使整个建筑显得有层次、有变化、有韵律感，而且具有很强的时代感。

（2）门窗样式

门窗是防风、防沙、御寒、御热、采光、通风的综合设施。房门俗称为家门，用厚木板做成，多为两扇，内安门闩和门关，是室内防盗安全措施之一。比较讲究的宅院，常建仪门，既有垂花式，也有立柱式。传统民居的窗户不仅能抵御风沙，还能装点门面。一般而言，窗格造型极为讲究，有万字格、丁字格、古钱格、冰纹格、梅花格、菱形格等。

传统民居建筑多以砖石墙体实现建筑空间的围合，以窗台和门额等来支撑门窗上部处的竖向荷载，这些部位往往采用大块完整的条石来保证门窗洞口的结构稳定性。村民们在门额、窗台等部位加入各种装饰图案，这些装饰图案基本遵循着"有图必有意，有意必吉祥"的传统民居装饰理念。古建中的窗格样式过于复杂，已不能在现代民居中推广使用，新窗户样式以简单灰色铝合金框分割玻璃，简洁大方。设计时，可根据商业、客厅、厨房、廊道等不同的使用功能要求设计不同的窗户样式，沿街店面多采用轻巧的隔扇门窗，廊道则设计长条形窗，厨卫则为上悬窗。

（3）装饰节点设计

建筑装饰是为了保护建筑构件，完善各构件的物理性能和使用功能，并美化建筑物的内外形态，采用装饰装修材料或饰物对建筑物的内外表面、空间、构造节点、细部等进行的各种处理。传统乡村建筑的装饰细节，包含着人们对生活的关注与热情，其产生与时代背景紧密相连。然而工业化的生产模式让手工艺时代的许多东西都消失了踪迹，在当今的技术条件与审美背景下，传统装饰细节应当以怎样的姿态来延续生命呢？

① 传统细节的"不变"，即传统的手工艺细节片段在当今建筑的杂糅与拼贴手法中有了继续生存的可能性。材质无需替换，形式无需改变，手工艺细节以原始的方式拼贴于建筑中，这些片段可以带来比其自身更多的含义，可以让原来的传统建筑语汇重新具有生命力，表达出一种内藏的关

联，不影响建筑的整体性，能够使传统与现代相互协调，也使人们容易理解和接受。

在传统乡村建筑的保护更新设计中，可以选择状况较好的有保留价值的材料、构件或结构局部保留，如精细的砖雕、花饰长窗、柱础等。将其有机组织进新建筑中，可有意识地将其设置在视觉中心处，起到画龙点睛的作用。由于这些细节自身有某种程度的独立性和完整性，拼贴的片段可以按照现代的审美需求加以改造和变化，不需要墨守传统的设计规则、构图方式和连接逻辑，这样既可以体现传统的连续性，也兼具时代特点，是在新语境下对传统语汇的巧妙运用。

例如，传统民居中柱础主要用来支撑由柱子传来的重量，一般用石材制作。其形式主要有覆钵式、须弥座式、鼓式、动物式以及各种组合式等，造型丰富、式样繁多。可以将废弃的柱础用到景观中，赋予其使用的新功能，作为石凳出现。

② 传统细节的"变"，是指用当代的语言对其进行转译，存其神，去其物质形式，令其符合当代的语汇法则，又存在传统细节的感人之处。在设计中体现传统文化，对传统进行合理的继承，不能只局限于对传统形式的模仿和简单的套用符号，而是要对传统建筑文化进行深层次的挖掘，用扬弃的理念来对待传统形式。传统建筑的精髓需要在对其深层次内涵理解的基础上，用现代的手法加以提炼概括、抽象演化，完成传统建筑形式的现代继承。

5.4 节能技术在民居中的应用

我国三大能源消耗主要是建筑能耗、工业能耗、交通能耗，其建筑能耗约占社会总能耗的 33%。乡村建筑能耗在整个建筑能耗中所占比率越来越大。改革开放以来，我国广大农村地区主要以柴草、农作物等生物能源作为取暖、做饭等生活用能，其在农村建筑能耗中占很大比率，耗能量巨大，不仅造成资源的浪费，而且也造成环境的污染，与建设节约型新农村的"中国梦"相违背。

目前，我国建筑节能技术的研究大多集中在城市，然而乡村建筑的特点、农民的生活作息习惯及技术经济条件等，决定了农村居住建筑在室温标准、节能率及设计原则上都不同于城市居住建筑。住建部 2010 年 4 月发布了要求对农村居住建筑进行节能改造的文件，标志着我国真正意义上对农村地区的建筑节能改造工程的开始。随着新农村建设的开展，我国 2012 年颁布了《农村居住建筑节能设计标准》（GB/T 50824—2013），于 2013 年实施。

目前，我国乡村建筑的节能设计和节能改造研究正处于起步阶段，各地都处于尝试探索阶段。节能技术与自然环境密切相关，设计中需要综合考虑日照、空气湿度、风向、温度、自然地质条件和建造材料，以及建筑与山地、湖泊、林木、生物等多方面的相互影响，在选址、建造上需要综合运用，多学科结合。国外在节能技术方面有很多丰富经验，尤其在建筑的造型和构件设计等方面，有高科技在建筑上的运用，即"高技派节能"，也有传统乡土建造材料与流体力学等学科知识的综合，即"被动式技术节能"。我国传统乡村有很多被动式节能技术经验，而现代城市中多研制高技术节能，乡村建筑设计中应首选适用于本地自然环境条件的技能技术。节能技术的运用具有明显的地域特色，本节以北方地区和西南成都地区为例，探索节能技术在民居中的设计方法。

1. 北方模式

1）节能改造的重点

节能潜力大的建筑或结构部位将是北方乡村建筑改造的重点。从建筑类型来看，重点先放在农村社区和农村公共建筑上，如乡村学校、医院，然后逐步向独立民居推广。从北方农村建筑的结构部位和用能设备来看，居住建筑重点放在建筑的围护结构改造、取暖设施的改造以及炊事设施改造上，而公共建筑中的中央空调系统、智能照明系统、供暖系统以及围护结构是改造的四大重点。不管何种类型，围护结构的改造都是重点中的重点。

改造应该因地制宜，建筑结构体系的不同或建筑高度的不同以及位置的不同，都会导致既有建筑改造存在很大差异。采用树立典型的方法，来推动既有建筑节能改造工作的前进，具有良好的示范效应。具体做法是：先从我国北方采暖地区的农村开始，推广一批既有建筑节能改造示范工程，然后进一步完善政策制度、加强技术开发、总结工程经验、提高管理水平，这将利于农村既有建筑节能改造的推动。

2）主要的节能技术

北方采暖地区乡村建筑改造涉及三项内容，主要包括建筑围护结构节能改造、采暖系统分户计量及分室温控改造、室外管网平衡及热源改造。建筑围护结构节能改造和分户计量及分室温控改造同步进行能达到更好的节能效果。在进行乡村建筑节能改造时，在满足规定节能要求前提下，可以进行部分改造。但不论如何改造，只有一个目标，就是改造后的乡村居住建筑必须要达到65％的节能要求，而公共建筑必须要达到50％的节能要求。具体节能改造技术如下：

（1）围护结构节能改造技术

以建筑结构体系、围护结构构造类型、所处的气候区等因素为条件对具体改造中的建筑围护结构进行分类，不同的类型采用的围护结构改造技术侧重点有所不同。我们重点考虑那些具有保温性能好、扰民小、建筑垃圾少、施工速度快等特点的围护结构改造技术。

① 窗户节能改造技术：外窗在所有的建筑围护结构中，它的传热系数在相同情况下是最大的，也就是说节能潜力最大，因此，窗户是建筑节能改造过程中首要的改造对象。外窗的通风、隔声、节能和安全等性能要求会约束外窗改造和选用。一种方式是用双层玻璃窗代替原有的普通外窗，具体操作可以在原有的单层玻璃窗外域加一层玻璃，控制两层玻璃间的距离最优并且合理，在满足窗户的热工性能指标要求的同时避免层间结露，或者在原有的单玻璃窗外或内加一层新的窗户，合理确定间距并满足对窗户传热系数的要求，以避免层间结露；另一种方式是统一更换为满足外窗传热系数要求的新窗户，窗框与墙之间应设计有合理的保温密封构造，以减少该部位的开裂、结露和空气渗透等现象的出现。

②外墙保温改造技术：目前，主要的外墙外保温系统主要包括粘贴泡沫

塑料保温板外保温系统、聚苯颗粒保温浆料外保温系统、EPS 板现浇混凝土外保温系统、钢丝网架板现浇混凝土外保温系统、PU 喷涂外保温系统、保温装饰板外保温系统等。其中，最常用的方式是粘贴泡沫塑料保温板外保温系统，通常采用 EPS、XPS、PU 板作为保温材料，通过粘贴和锚固的方式固定在基墙上，外饰面一般采用涂料、面砖等材料。

③ 屋面改造技术：可以根据屋面的现有情况，采取不同的改造方式。对于防水好的屋面，直接做倒置式保温面；对于防水不好的屋面，先翻修防水层再做倒置保温屋面。这里的保温材料可以根据不同的气候区域采用不同厚度的发泡聚氨酯或者挤塑聚苯板。对于平屋面，在改造成坡屋顶并且需要节能改造时，在吊顶内敷设吸水率低的轻质保温材料，同时为了避免平改坡后吊顶内结露，宜在坡屋面上加铺保温层。

（2）采暖系统分户计量及分摊计量技术

该技术主要包括每家每户的热量按户计量和分室分区温度控制两个部分。进行改造后，室内采暖系统在满足室内温度要求并且可以在一定范围内进行调节的基础上，还要能够满足分户计量以及运行管理的要求。

①热量分户计量技术：该技术适合于独立式室内采暖系统和地暖系统。分户用热量表测量出每户的直接采暖热量使用量，从而取代原来按照总表按面积分担，或者直接按面积收费的取暖缴费模式。

②热量分摊计量技术：此项技术适合于安装散热器的室内采暖系统。该系统设置两套计量表：一套是设置在建筑物热力入口的楼栋热量表或热力站设置的热量表；另一套是用户的入户热量分配表。前者负责测量建筑物总供热量；后者对各用户的用热量取修正值，分摊建筑物总供热量。散热器的散热量、类型、连接方式等都是修正因素。

（3）热源及管网热平衡改造技术

虽然室内采暖系统的改造能产生比较好的节能效果，但是锅炉和室外管网在产生热源和输送热源时还有一个锅炉运行效率和管道输送效率的问题，因此热源端的调节手段也需要进行改造，使其与采暖系统相适应。为了提高室外管网的水力平衡性，需要进行水力平衡计算，经过计算调整使得各个并联环路之间的压力损失差值≤15%。同时为了更好地保障水力平衡，需要设置相应的阀门，以在建筑物的热力入口处设置静态水力平衡阀。

（4）太阳能节能技术

太阳能是可永续利用和无污染的能源，是人类可期待的最有希望利用的能源。我国北方地区冬季较长，有着充足的日照，这为太阳能的有效利用提供了先天的优势。因此，我们应该尽可能采取措施充分利用太阳能，这里所说的太阳能主要形式有：冬季直接利用太阳能，即在农村低层建筑的南面设置阳光间，增加建筑接收到的太阳辐射；进行太阳能的间接应用，即通过太阳能集热器进行太阳能的利用。在建筑屋顶平屋顶改坡屋顶时，屋顶坡度保持一个合理的角度，让屋顶的太阳能集热器以最佳坡度吸收太阳辐射，屋顶和集热器合二为一；除了原有的利用太阳能提供生活热水、太阳灶外，进一步开发太阳能的其他应用，如光伏电池、建筑照明系统提供光源等形式。

（5）热泵供暖技术

主要包括地源热泵技术和水源热泵技术。地能供暖技术主要集中在对100m以内的浅地层的地能资源的收集，也叫地源热泵技术。这一范围地质结构既有黏土也有砂土，砂土中既有粗砂也有细砂，还有卵石加砂，有的甚至是基岩，由于地质结构是多样的，不同的地质构造，其渗水率和热导率都不同，热导率高的就适用于土壤源热泵技术，渗水率高的只适用于水源热泵技术。

（6）空调节能技术

选用高效节能空调器，进行合理的安装布置，避免设在阳光直射的地方造成太阳辐射的热量大。室外机的出风口附近应能够通风良好。选用与建筑类型相适应的空调冷热源方案，当既有建筑的围护结构得到改善，室内冷负荷降低，空调负荷会大大降低。在保证建筑物的人员舒适性基础上，还能节约空调运行费。在密封好且不适合进行机械通风的建筑物中，使用无动力换气扇，可以加强自然通风，排除室内的热湿负荷，可以在一定程度上改善室内空气品质。

（7）照明节能技术

建筑照明系统作为建筑能耗的一部分，随既有建筑节能改造的进行，照明系统的节能也应进行。节能的具体手段，包括如智能控制系统、节能灯具的选用、室内灯光亮度的合理配置、照明与自然光的结合等。以前我国一些公共建筑的灯具选择和灯光配置不当，导致浪费能源，节能潜力很大，应积极进行改造。

2. 成都模式

成都地区农村住宅多为农民自建的独栋住宅，该地区农村居住建筑的主流形式为砖混结构，少数是木结构。农村住宅设计上比较简单朴实，一般在一层布置堂屋和卧室，并在建筑主体一侧布置厨房、卫生间以及猪圈等辅助房间。二层主要布置起居室和主卧室等用房，屋顶则有不同的形式。在外墙面上，大多数农户外墙采用砂浆抹灰，甚至有些外墙不做抹灰将砌体直接暴露于外界，经济条件好的农户用瓷砖贴面装饰。室内墙面装饰较为简单，多以水泥砂浆抹面，经济条件较好的农户室内墙面使用抹白灰或涂料抹面。

1）墙体改造

墙体是建筑物的重要组成部位，它起到了承重、分隔空间和围护的作用。过去我国长期采用实心黏土砖墙，为了节能，将外墙的厚度增加，而生产黏土砖所用的黏土不仅占用了大量的耕地，而且在烧制砖的时候，又消耗了大量的能源，对环境造成了大量的污染。农村居住建筑墙体节能改造的方法选择不仅需要选择合适的保温隔热构造，而且需要选择合适的保温隔热材料，目前砌体结构的墙体节能改造方法主要采用以下四种：外墙外保温法、外墙内保温法、墙体夹芯保温法及综合保温法。

2）外窗改造

在建筑物中外窗的作用有很多，不仅要满足采光、日照、通风及建筑造型等功能要求，还要具备吸热、散热和保温隔热的作用。外窗的传热系数和气密性是居住建筑中决定其保温节能效果优劣的主要指标之一。一般农村既有居住建筑的窗户对这两个主要指标控制不高，造成大量的热量损失。为了既保证其使用功能，又提高窗户的保温节能性能，减少能源的消耗，主要从窗框材料和玻璃两部分入手。农村既有居住建筑可以从以下几方面改善外窗的节能效果：一是更换窗户，可以将传统的单层玻璃更换为双层真空玻璃；二是可以在原窗户的外侧直接增加窗户，采用双层真空玻璃或镀膜玻璃，传统的木窗、铝合金窗更换为塑钢窗框；三是可以结合室内装修增加窗帘；四要对窗与墙衔接位置的气密性进行排查，填堵窗墙衔接的缝隙。

3）屋面改造

屋顶保温是为了降低居住建筑顶层房屋的采暖耗热量和改善顶层房屋热环境质量的一项围护措施；屋顶隔热是为了降低居住建筑顶层房屋的自然室温，从而减少其空调能耗的维护措施。

西南地区农村居住建筑的屋面，特别是老住宅，基本都是在 20 世纪 50 年代至 80 年代建造，采用青瓦坡屋面，俗称冷摊瓦，20 世纪 90 年代以后修建的农村住宅大多为平屋顶钢筋混凝土现浇板或预制板屋面。这两类建筑的屋面一般都未做保温处理措施，夏季屋面层酷热无比，温度接近室外；冬季或者雨季，室内热量大量通过屋面传递到室外，导致室内寒冷，从而影响室内的舒适性和人们的正常居住。一般屋面构造形式大致可以分为保温隔热材料屋面、通风隔热屋面、蓄水屋面、种植屋面及其他隔热屋面。

4）地面、遮阳改造

长期以来农村住宅多为土地面及水泥砂浆地面，这种地面吸热性强、保温性能差，由于农民多不太重视，没有任何保温措施，热量从地面大量散失。因此地面应设置保温层。加强地面保温处理，减少外墙基础的热传导（即减少室内热能耗）。在农村既有居住建筑地面节能改造相对适宜的措施有炉渣保温地面。炉渣保温地面是指：在夯实的原土上铺一层油毡纸作防潮层，在其上铺炉渣并夯实，再做碎砖三合土垫层，面层为水泥砂浆。

遮阳是采用相应构造和材料，与日照光线形成有利角度，遮挡阳光对玻璃的直接照射而减少室内过热的热辐射，但不减弱采光条件的手段和措施。遮阳措施在建筑节能上效果很好，特别是夏季改善室内热环境效果明显，且投资造价不高，是一种适合农村既有建筑节能的廉价技术措施。在窗外种植蔓藤植物或距窗外一定距离种树，绿化遮阳是一种经济、有效的措施，特别适用于农村地区的低层建筑。

第6章 乡村景观环境设计

乡村景观，顾名思义就是乡村区域内的景观，是相对于城市景观而言。两者的区别在于地域的划分和景观主体的不同，是乡村地区人类与自然环境连续不断相互作用的产物，包涵了与之相关的生产、生活和生态三个方面，是乡村聚落景观、生产性景观和自然生态景观的综合体，并与乡村的社会、经济、文化、习俗、精神、审美意识密不可分。其中，以农业生产为主的生产性景观是乡村景观的主体。

6.1 乡村景观设计原则

1. 整体性原则

乡土景观的营造并不是孤立地对某一景观元素进行表达，它是一种对乡土场景整体优化的多目标设计。在新农村乡土景观设计中，表现的是村落整体空间的布局、景观要素的表达、交通流线的组织以及地域特征的塑造、田园意境的营造和乡土文化内涵的传达。在乡土景观设计中，充分协调和组合建筑的材料和色彩，合理搭配地形地貌、村落的空间序列、道路和绿化各种组合关系，使得乡土景观的重塑和乡土意境的营造具有较强的可识别性。尽管在进行乡土景观设计的时候，构建实体的物体是重要的因素，但是人的因素也是不可忽视的，地域环境中的人文生活需要给予高度重视。因此，整体性原则必须对设计的方法、对象、目标和要素等内容进行高度的融合，才能创造出属于当地的乡土景观。

2. 保护性原则

我们对于不同类型乡土景观保护的方法不尽相同。有些乡土景观是不可能进行原样的保护、保存；有些乡土景观也没有完全重塑的可能性。但是针对具有较好自然风貌的地带，就能够实现完全地保护，因此，在对一些较重要的区域和地段可以进行集中的保护，而对那些特色鲜明、具有历史文化价值的乡土景观需要完全地保护，不需要整治、修葺，可以就地原样保护，这既是对历史的尊重也是对乡土景观最有效的保护和再现。鉴于此，北京大学俞孔坚教授就提出"反规划"的建议，"反规划"并不是真正意义上的反对规划、摒弃规划，而是指乡村的规划与设计不应该过多地关注传统建设用地的规划。虽然很多地区开始意识到乡土景观的存在价值，但是没有寻找到真正合适的方法，一味地修葺、翻新和重建，很大程度上破坏了乡土景观的原始风貌。只有全面地将乡土生活气息保存下来，才能比较客观地反映出地域特色和社会状况。

3. 地域性原则

区域内的地形地貌、气候因素、建筑材料以及解决各种环境问题等的方法都是乡土景观地域性原则所重点强调的，突破表面的形式，充分挖掘出乡土材料、植物以及景观形式等背后隐藏的乡土设计思维。乡土景观的营造有了人工因素的介入，乡土植物的运用、对场地的尊重、就地取材、因地制宜等显得尤为重要，而这些都是乡土景观营造要遵循的基本法则，地域性原则还体现在对地域文化的提炼和区域内人们生活方式的尊重。

4. 可持续发展原则

乡土景观的发展是和社会的发展密不可分的，在经济的快速发展之后，无论哪个国家都不可避免地出现了生态环境的恶化。因此，节能、环保、绿色、生态设计的概念贯彻在各个领域中，当然包括城市规划、建筑设计、景观设计等在内。在社会主义新农村建设中，生态环境应该得到最大限度的保护。从生态保护的角度来说，自然群落要比人工群落显得有生命力，需要得到更多的保护。生态环境的保护，是实现乡村景观的生态效应和可持续发展最有力的保障，乡土景观文化的独特性是和其他景观的营造有着本质的区别。因此，在乡村景观设计中，应充分考虑村庄未来的建设定位，以及对未来发展趋势产生的影响，给未来的村庄建设留下充足的发展空间。

5. 因地制宜原则

因地制宜在乡土景观设计中强调地域特色和乡土文化的外在体现，它表达的不是一种一成不变的设计模式，而是在设计中尽可能地使用乡土材料，表现地域风貌特点，从而使得景观与环境能够更好地融合。由于全国各地农村的自然和人文环境存在多样性，这就决定了乡土景观在设计的时候必须考虑因地制宜的原则，对不同类型的村庄需要提取出不同的设计元素，这样才能够保证乡土景观的地域性和可识别性。但是因地制宜不能够仅仅是表现在区分不同地域内的景观，而同一地域，也要根据具体情况进行比较区别。景观最终还是需要与环境相协调，无论历史文化遗产，还是古村落景区，抑或是其周边景观的设计，在传统的传承和发展上都有一个彼此相适应而存在的平衡点。

6.2 乡村景观规划设计

6.2.1 乡村入口景观

村庄的入口是指位于村庄内部环境与外部环境过渡和连接的空间，是村庄对外形象展示的窗口。入口景观是村庄景观的开始，体现了村庄的文化性和标志性，担负着传达村庄特色的使命，具有"可印象性"和"可识别性"。

村庄入口的选址是在多方面因素的综合影响下确定的，在生产力水平低下的封建社会，村口的选址主要受地理环境的限制和风水思想的影响。入口的朝向依据山势和水系而定，选在避风、向阳的方向。在自然条件允许的地区，村庄入口还需要有自然或人工水系，如此一来不仅方便了生产、生活取水，而且陆路和水路的结合更加强了与外界的联系。

1. 乡村入口景观功能

1) 标志与分隔功能

乡村入口将村庄和周围自然环境划分开，是村庄板块和自然基质的分界点，从村口开始，自然景观成分逐渐减少，人工建筑占据的空间逐渐增多。同时，入口景观也是人们进入村落时观察到的第一个景观，即整个乡村景观序列的开端，一些富有特色的入口景观，会给人们留下深刻的第一印象，如黟县宏村的荷塘，几乎成为该村的标志性名片（图 6-1）。

图 6-1　宏村村口的荷塘

2）交通与导向功能

乡村入口是村庄交通最主要的出入口，将村外的公路引入村庄内部交通网，具有组织交通、引导人流的作用。传统村庄设置卵石路面或石板路面，满足低等级的通行要求，新建的村庄入口常根据实际情况设置有停车场，用以满足村民生活需要或作为旅游型村落的基础设施建设。

3）休闲与集会功能

村口常常是村庄中最开阔的地域，古树和荷塘等舒适、亲切、和谐的绿地空间为村民提供了良好的休闲集会场所，一些村口设置的亭廊也是村民日常沟通的良好平台（图 6-2）。

4）文化与展示功能

图 6-2　村口古树供村民休憩集会

村庄在漫长的发展更新过程中，往往形成了具有自身独特的文化气质。入口景观的设计秉承了与当地历史文脉的一致性，是村庄文化的展示窗口，传递出村庄特有的人文气息。唐模的水口园林和宏村的南湖书院就是典型的代表。

2. 入口景观设计要素

入口景观组成要素灵活多变，没有固定模式，一般主要考虑地形、乡土建筑特色、色彩、地方材料四方面的要素。

1）地形

地形的变化对于村庄聚落形态的影响十分明显，特别是在山区或丘陵地带。中国乡村建筑构造大多受到传统的"天人合一"的观念影响，尊重自然，不愿大兴土木改变自然地形，通常按风水常识去设计建造入口景观。

2）乡土建筑特色

乡土建筑包括农村的寺庙、祠堂、住宅、学堂、商铺、村门和亭、廊、桥梁、道路等，它们是这个乡村有关历史、文化、自然、乡村人祖祖辈辈智慧的凝聚物，是构成村庄景观的重要组成部分，也是入口景观设计的重要构思来源，关于村口的设计风格要保持与整个乡土建筑风格的一致性。

3）色彩

色彩是入口景观设计一个重要因素。过去绝大部分村庄由于没有条件来修饰建筑物，而任原材料直接裸露于外，建筑物表现为其原材料的颜色。现代的村庄在建设时能有很多的色彩选择，因此，应该注意乡村传统色彩的传承以及色彩的协调。其中，暖棕色将大大有助于使木制建筑融合于乡村半林地或稻田景观环境；明亮的木灰色是另一种可以放心使用的颜色；棕色或暗灰色的屋顶可以和土地及树干的颜色取得很好的协调感。在需要强调的一些建筑小构件上，可以少量地使用明亮的浅黄色或岩石的颜色。

4）地方材料

使用的地方材料以及与这些材料相适应的传统结构和构造方法是保持村口景观乡土特色的重要手段。特别是以那些未经加工的天然材料或稍经加工但却仍然保持本来特色的某些材料而建造起来的民居及村庄景观，将更能充分地表现出某个地区的独特风貌。地方材料主要包括：生土、木材、瓦、石、草、竹。以这些地方材料为主，可以令游客感受到朴素、淡雅、恬静的乡村风格，以及浓郁的田园风光和乡土气息。

3. 案例分析

在宿迁市罗圩乡农科村"美丽乡村"规划设计方案中，将罗圩乡农科村村口景观进行了改造设计，设计要点分为以下几点：

1）地形

农科村村口（图6-3）处于现状两条对外交通的交叉口处，整体地形条件较为平坦，利用交叉口的人流集散优势，在农科村村口规划设计了一个村口广场，为村民提供日常集会、交流、健身功能。

图 6-3　罗圩乡农科村村口广场

2）乡土建筑特色

罗圩乡农科村现状村庄入口标识牌设计相对简单，没有明显特征和亮点，也没有体现村庄文化。村庄入口在设计上以自然形式为主，配以景观置石和文化展示墙等硬质景观。打造富有乡村文化的特色入口景观，成为村庄的"新名片"。经规划改造后的村口（图6-4）标示牌指示明确、内容清晰，张贴了介绍罗圩乡农科村的村规民约和各类文化海报，更具有地方特色，也体现了罗圩乡农科村的整体精神文化面貌。

3）色彩

经规划改造后的罗圩乡农科村村口屋顶色调采用了暖棕色，整体建筑墙面采用了木灰色。其中，暖棕色将大大有助于使建筑融合于乡村半林地或稻

图 6-4　罗圩乡农科村村口标示牌

田景观环境；明亮的木灰色是另一种可以放心使用的颜色（图 6-5）。

图 6-5　罗圩乡农科村村口色彩

4）地方材料

罗圩乡农科村村口建筑物、构筑物以及景观打造材料主要包括石材、瓦等建筑材料，以及当地品种的草、树、花等植物，均以就近取材为农科村的建设原则，既体现了罗圩乡农科村恬静的乡村风格和浓郁的田园风光，也节约了村庄的建设成本。

6.2.2　乡村水景观

在乡村建设与发展过程中，关于乡村水环境及村庄滨水景观打造成为"美丽乡村"建设的重点之一，它是改善村庄生态环境、提升村庄居住环境质量的重要组成部分，也对建设生态文明、自然和谐的"美丽乡村"起到了重要作用。

1. 水与传统村庄的关系

1）水对中国传统村庄择基选址的影响

自古以来，村庄的选址都与水系有着密切的关系，"逐水而居，因水而兴"。总的来说由以下两个方面的原因导致：

一是物质方面，古代聚落大多选址在靠近水源的地方，既方便日常生活用水，又满足农业灌溉，同时也是进行交通运输的重要手段。秦朝时修建三大水利工程：都江堰、灵渠、郑国渠，成功地建成了"沃野千里，水旱从人，不知饥馑"的战略大后方，为统一中国、延续中华文明打下了可靠的政治、经济、物质基础。

另一方面是受中国传统风水理论的影响。以农业经济为基础的封建社会中，为了寻觅一块吉地，首先必须对自然地形进行仔细地踏勘，并对山、水等自然要素之间的相互关系认真地进行分析，以寻求生发气的凝聚点，再按负阴抱阳、刚柔相济原则进而考虑如何迎气、纳气、藏风等问题。这样，经过反复地察看与分析，一个比较理想的村落环境方能最终被选定。

2）水对中国传统村庄营建布局的影响

村庄建设一般先有渠、后有路，路渠结合，人逐水居，路随水转。如果某个区域中的水系较为发达，村镇往往会随着主要的水系而建，根据水系与传统村庄联系形式不同，大致有并列式、相交式、包容式和穿插式（图6-6）。

（1）并列式

在并列式布局中，通常河流的岸线较为笔直平缓，村庄建筑顺应岸线排

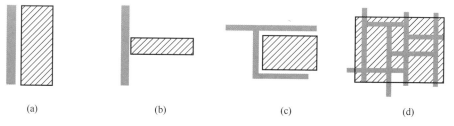

(a) (b) (c) (d)

图6-6 水系与村庄布局关系示意图

（a）并列式；（b）相交式；（c）包容式；（d）穿插式

列，多呈带状或块状，布局比较规整（图 6-7）。例如重庆酉阳龚滩古镇，村庄选址在河岸线附近，除便于交通联系外，河岸线经过长年的冲击，地势平坦，土壤肥沃，自然环境优美。

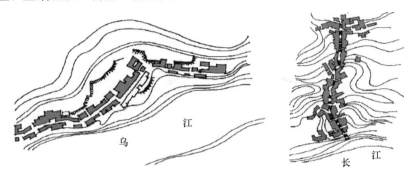

图 6-7 并列式与相交式布局

（2）相交式

相交式布局是指村庄垂直于水岸线的分布形式，垂直河岸线的村庄往往受地形条件的限制，常为连接河道和山脊山麓的道路交通而垂直河岸线布局，典型案例如西沱古镇。

（3）包容式

包容式布局通常位于河溪汇合处，有比较方便的交通条件，联系范围广，容易形成经济贸易控制点。长期的地质构造作用与水流冲击而形成冲击坝，土地肥沃，又便于建造村庄，形成依山傍水、自然环境优美的村庄格局。例如江津塘河古镇，如图 6-8 所示。

（4）穿插式

穿插式布局中通常为数条交织的水系，村庄与水系彼此穿插、相互交融，形成建筑与水和谐共生的局面。这种布局在江南水乡中最为常见，江南地区水网密布，民居依河筑屋，依水成街。典型的有苏州周庄古镇、绍兴安昌古镇等。

2. 乡村滨水景观形态

美丽乡村建设中涉及的滨水景观建设基本是在原有村庄水系、滨水环境

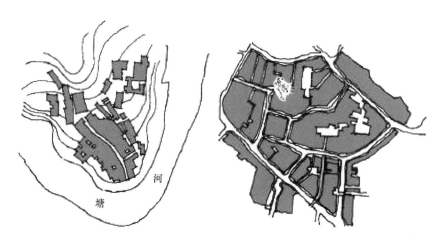

河

塘

图 6-8 包容式与穿插式布局

的基础上进行改造、塑造和美化提升。这里将具备村庄滨水景观设计条件的村庄滨水环境划分为村庄滨湖景观、村庄滨（江）河景观和村庄其他滨水景观。

1）村庄滨湖景观

就村庄所处水域范围而言，在我国，很大一部分村庄的始建形式以环湖、环池形态建设而成，形成了以水域形状为基本中心并向滨水外围逐步延伸的发展趋势。这类型的村庄滨水景观主要存在于村庄水域与住宅建筑之间，形成一个连续环绕的围合状态。

例如有"国家级历史文化名村"之称的浙江省杭州市桐庐县江南镇深澳村。村庄建造初始便建造了一套完整的人工水系系统，一直沿用至今。其中暗渠的最大汇集点，就是位于村庄口的水口——一个面积约 7800m² 的池塘，该池塘满足了该村居民生活用水、养殖种植用水、防火防潮的需要，同时池塘沿岸的滨水区域也成为村民聚集、娱乐、展现村庄优良历史文化的重要场所。在美丽乡村建设过程中，该池塘也成为村庄景观改造的重要节点(图 6-9)。

总体而言，村庄滨湖景观因为水域形态大、水面波动小、水流速度慢等特点，具有建设环境相对开阔、景观内容趋于静态、景观功能多元完善等特点。

图 6-9　深澳村滨湖景观

2) 村庄滨河（溪）景观

村庄滨河（溪）景观是以江、河、溪流等带状水系为基础发展起来的滨水景观，在景观规划中属于自然流域型的景观格局。

例如福建省南靖县的塔下村和田螺坑村于 2007 年被评为"首批中国景观村落"，不仅因为数量庞大保存完好的土楼群落而获此殊荣，更因其夹溪而建的形式，营造出一幅山水相融的和谐景致。其中，云水谣古镇因电影和人文色彩远近闻名，其独特、闲适、优美的滨水景观在其中发挥了重要的作用［图 6-10（a）］。

(a)　　　　　　　　　　　(b)

图 6-10　村庄滨河（溪）景观

（a）福建云水谣古镇滨河景观；（b）湘西芙蓉镇瀑布景观

村庄滨河（溪）景观的布局走向基本平行于河流及村落整体布局的走

向，具有移步换景、景观内容丰富多样、富有律动美等特点，同时还具有防止水土流失、保护沿线农业生态的作用。

3）其他村庄滨水景观

村庄滨水景观除了上述以块状环形分布的滨湖景观和以带状分布的滨河（溪）景观外，还包括一些特殊的滨水景观模式，例如：村庄水田景观、瀑布景观、泉井周边景观、村庄人工水系景观、村庄排水沟渠附属景观等〔图6-10（b）〕。

3. 乡村滨水景观要素

从园林设计角度，可将乡村滨水景观分为山、水、建筑、植物这四个主要元素。在设计过程中，将这四个元素有意识地合理组织成为一个有机的整体，创造出具有美感与实用功能相结合的优美景观。这里主要从乡村滨水驳岸、景观建筑、地面铺装、植物和附属设施等若干要素对村庄滨水景观进行具体分析。

1）滨水驳岸

滨水驳岸作为治水工程重要的构造物，主要起到防洪、固堤、护坡的作用。同时，滨水驳岸也是人们接触水体的媒介，是村庄边界美学的体现。滨水驳岸从材料工艺上划分可以分为四大类：自然式驳岸、人工式驳岸、混合式驳岸及其他。

（1）自然式驳岸

自然式的驳岸以砂石堆积为基础、自然植被覆盖为主，其水系两侧的陆地部分坡度较为低缓，水岸线自然多变，没有人工雕琢的痕迹，是在自然界生长发展过程中逐渐形成的驳岸类型。在我国部分村庄或自然风景区仍可见这类型驳岸。

（2）人工式驳岸

人工式驳岸包括台阶式驳岸、预制构建式驳岸、石笼驳岸等最早出现在城市滨水景观中的驳岸形式，由于其具有耐久性、安全性、多功能性以及村民向往城市景观的心理等原因被运用在村庄滨水驳岸中。这类驳岸与城市滨水相似度高，通常无法与周遭柔和的村庄环境相融合，不具有村庄景观的特色。所以如何在这类滨水驳岸的景观塑造中找回属于村庄的记忆，成为当下村庄滨水驳岸景观的重点与难点，也是美丽乡村建设中关于重塑景观环境中乡村文化内涵这一指导思想与重要目标的体现。

（3）混合式驳岸

早期的驳岸建造因为材料和工艺的约束，人们就地取材，运用自然山石、竹木桩材等对水岸进行单纯的加固。随着施工工艺的发展与追求生态科学指导思想的深入人心，现代驳岸主要以浆砌块石、水生植物与卵石筑砌相结合、石笼固岸、石插柳法等混合驳岸形式，主要有软质驳岸、硬质驳岸、亲水驳岸和出挑驳岸。

（4）案例分析

九曲螺江美丽乡村项目位于贵州省遵义市绥阳县，项目区主要围绕螺江构成，洛安江占极少部分。螺江是周围村庄农业用水和生活用水来源，河道最宽处约 50.6m，最窄处 10.95m，现有驳岸多为自然式，但破损严重，亟待修复。

为恢复螺江生态，改善乡村环境，螺江滨水驳岸的设计运用了实用与美观相结合的手法，体现了乡村滨水驳岸丰富多彩的特点。

螺江滨水景观带以"一带串九珠"为设计理念，充分融合绥阳当地乡村诗歌文化，以不同诗歌赋予每个"半岛"不同景观主题。滨水驳岸的整体设计以软质驳岸为主，与乡村美景相互融合，营造自然生态的滨河景观，根据各个"半岛"不同主题，细部驳岸的处理方式也不同，增加整个乡村滨河游线的丰富性、层次性和参与性（图 6-11、图 6-12）。

观光型主题驳岸：软质驳岸和硬质驳岸相结合，便于村民在滨水步道上散步、观景、游玩，体现了乡村景观的恬静、自然。如：荷生幽泉主题；

体验型主题驳岸：软质驳岸和出挑驳岸相结合，通过驳岸延伸，增加乡村旅游趣味性，吸引更多游客，同时丰富村民生活乐趣，村民在滨水步道上的健身康体运动，体现了乡村景观的活力。如：葱茏木影主题；

游乐型主题驳岸：软质驳岸、硬质驳岸和亲水驳岸相结合，增加环境层次，产生动态的变换，静态环境与动态水景相互呼应，村民能够在观景平台

游乐，也可在滨水绿地休憩，还可在亲水平台上亲近自然，体现了乡村景观
的多样性。如：欣欣向荣主题。

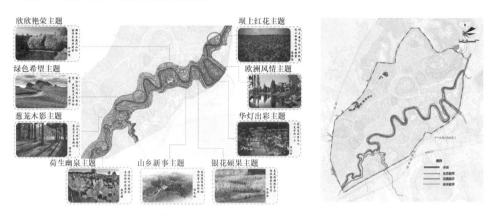

图 6-11　螺江滨水驳岸规划

图 6-12　驳岸景观意向

2）滨水景观小品

村庄滨水景观小品主要是指以供村民生活休闲为主并传达村庄文化特色
的牌坊、风雨桥、风雨廊、风雨塔、滚水坝、碑刻、洗衣台等。这些滨水景
观小品一方面在景观布局上起到重要节点的作用，并且贯穿于整体景观轴
线，让滨水景观主次分明富有节奏感；另一方面将中国传统水文化的内涵与
村庄的历史文化底蕴通过不同景观小品的塑造表现出来，营造出独具特色的
村庄滨水景观风貌。

廊、桥、亭台等视野较好、适合驻足休憩又具有框景、透景、衬景、对景等功能的建筑景观小品成为滨水景观的重要组成部分。加之乡村水系规模较小、形态多变等因素，这类景观小品的存在更为乡村环境增加了一丝雅趣与景致。

为了满足滨水区域必备的安全性、耐牢性，同时与时尚的城市景观相接轨，部分滨水景观造景的选材选用和造型设计上出现了城市景观打造的手法——其施工精细、选材精致、造型方正、几何感显著，体现了现代简约的风格。这种景观塑造方式忽略了村民独有的生活习性与生活模式，在景观小品的处理手法上脱离了乡村本真。

除了滨水建筑景观小品外，村庄对于滨水其他景观小品的打造也十分重视。基本完成改造的村庄滨水景观都配备有经过设计的统一风格休闲座椅、垃圾桶、花池、花箱、景观路等；有的村庄在部分用水出水口处运用动物造型的花岗岩成品进行装饰，别有一番趣味。滨水区的防护栏材料应尽量避免不锈钢、铝合金、钢材等现代工业材料的使用，在保证安全的基础上利用石材、水泥浇筑附仿木纹效果等手法，使其与整体村庄滨水环境相融合。在与村庄中保留的历史文物、重要景点、水岸边缘、道路岔口等处都有放置别具特色的说明牌、指示牌、安全告示牌、通知栏等，在细节处进一步完善滨水景观的塑造。

3）地面铺装

在现代村庄滨水区，道路主要以人行道为主、少量两轮非机动车行驶为辅，其道路宽度和地面铺装选材应满足步行与两轮非机动车通过的基本要求。同时还要坚持经济实用、安全生态、绿色环保的原则。另外，对于滨水区景观的地面铺装，要尤为考虑避免特大汛情导致水位上涨，造成水体对道路、铺装的破坏。滨水区景观道路对整体滨水景观节点的连接起着重要的作用，它既可作为通行的道路，又具有景观构成元素中观赏的价值，无论是对乡村旅游观光引导还是本地居民生活休闲都起到了非常重要的作用。村庄滨水景观中常用的道路铺装主要分为以下几类：

（1）石料铺装

石料铺装包括块石铺装、卵石铺装、板材铺装和砖块铺装，如图 6-13 所示。因为块石和卵石铺装对于材料造型的要求较为自然并且在大部分乡村地区容易就地取材，符合绿色生态的建设原则，所以被广泛地运用在村庄景观道路铺装中。这里所指的块石是未经精细打磨，大小不一、形状各异的石块，常被用于乡村滨水景观的室外阶梯建造和水上汀步打造，既稳固厚实又自然，这种天然状态与乡村自然景致的古朴感有了极好的融合。

(a)　　　　　　　　　　　(b)

(c)　　　　　　　　　　　(d)

图 6-13　石料铺装形式

（a）石块铺装；（b）卵石铺装；（c）砖块铺装；（d）透水砖铺装

卵石铺装则是目前村庄内部道路最常用的地面铺装材料。一般选用直径三至十几厘米不等的圆润卵石嵌入干沙水泥混合物的基层上，利用卵石深浅不一的颜色进行地面纹样的设计，除了美观之外更有吉祥的寓意，具有较强的实用性和美观性。

板材铺装是指将岩石加工成不同规格的几何形板状，目前使用较多且性价比较高的是花岗岩，其硬度大、耐磨性好，不易受风水侵蚀。由于铺设在室外地面，所以岩石表面都会进行不同方式的粗糙纹理处理。板材铺装对基层的要求不高，既可在软性基层上铺设，也可在刚性基础上铺设。

砖块是我国传统的人造铺材，由于砖块个体体积较小，作为道路铺贴的使用会造成一定程度的移位，所以砖铺道路需要运用侧石和缘石来固定铺装的边缘，也就是通常所说的路缘石。

随着新材料不断出现，目前在道路铺装中较为常用的透水砖也较适宜运用在当代村庄滨水景观道路的铺设中。新型透水砖具有安全、环保、吸噪声、排水快、施工快、成本低等优点，并且表面颜色多样、可供选择、可定制，丰富了景观道路的色彩构成。

（2）木材铺装

木材铺装被广泛地运用于滨水景观平台中，并逐渐开始运用在滨水木栈道中，其自然原始的风格更加符合乡村景观的特点。但是由于木材自身易吸水膨胀变形、易被暴晒开裂、易被虫蚁蛀蚀的特性，导致原始木料不能直接运用于路面铺装。所以，一般运用于室外景观的木材都是经过防腐处理的防腐木，其中包括通过防腐药剂注射浸泡处理的防腐木和通过深度碳化热处理的不含防腐剂的防腐木。目前市面上的防腐木，其原木主要以松木、杉木、樟木为主。

（3）整体路面铺装

这里所说的整体路面铺装主要指混凝土、沥青等地材。部分村庄滨水区道路仅为了满足通行便利的要求多采用混凝土浇筑路面，其色彩单一暗淡、呆板无趣，与自然水系的灵动优美形成极大的反差。在炎热的夏季，一般的混凝土路面会反射热量，给人造成极大的不适，并且一般的水泥与水泥混凝土路面具有不透水性，不利于路面排水。在工艺不断改进的过程中，出现了透水混凝土，其透水性强、承载力高、色彩丰富，具有很高的使用价值，可根据乡村设计定位的不同，运用于村庄滨水景观道路的建设中（图6-14）。

（4）其他材料铺装

国外一些乡村改造案例中，还有运用钢铁等金属材料或是陶瓷碎片等作为园路的地面铺装，营造别具一格的乡村景致。

4）滨水景观植物

在村庄滨水景观中，农作物作为景观植物的现象十分普遍。对于村庄滨

(a)　　　　　　　　　　　　　　　(b)

图 6-14　整体路面铺装

（a）木材铺装；（b）整体路面铺装

水景观的植物造景基本体现了以下几个原则：其一，以选用具有地方特性的本土植物为前提，最大程度上不破坏改造区原有的较为完整的天然植被群；其二，在植物的选择和运用中，应考虑作为景观植物的可供欣赏性，将常绿植物与落叶植物相结合、水生植物与陆生植物相结合，通过植物的造型美来传达地方特色与地方精神。以下对集中重要的滨水景观植物进行阐述：

（1）乔木

滨水景观中乔木的选用应结合该区域实际土层厚度与其景观功能属性。若种植区土层较浅，应选用根系浅的乔木品种，一般乔木对于土层的要求在1.5m 以上。大型乔木的运用能对景观重要节点起到标识性的作用，并且在滨水区这一开放性的公共空间中起到了一定的遮蔽作用，另外，乔木的合理运用也能对滨水驳岸起到稳固的作用。

由于乡村建筑高度普遍较低，造成乡村建筑环境的天际线高度较低且平缓，所以在距离建筑较近的滨水景观带的植物选用上不利使用过于高大的大型乔木；对于小巧乔木而言，乡村滨水景观常种植桃树、梨树、石榴树、柚子树、橘子树等既具有经济效益又适合滨水区栽植的树种。在我国南方地区，竹子，尤其是楠竹（毛竹）、慈竹、绿竹等竹类植物也较为适宜在滨水区种植。

（2）灌木

灌木的选用与种植在滨水景观的塑造中起到了特别重要的作用，灌木因其生长高度与人的自然观景视线相近，所以人们在滨水区活动时能率先观赏到灌木的不同造型与色彩。滨水景观中常用的灌木主要有：八角金盘、四季桂、桃金娘、十大功劳、南天竹、苏铁、海桐、假连翘、黄素馨、女贞等。由于乡村地区原本风貌中自然、随性的特点，所在灌木的选用中尽量选择无需人工经常性刻意修剪造型的品种，从植物造景上将乡村与城市相区别，还原乡村特有的景观气质。对于直接与农作物种植区结合的滨水区，具有季节性、农民自发的农作物种植也成为塑造景观的手法之一。

（3）地被植物

如果说灌木是植物配景中的主角，那么地被植物则是烘托主角最好的配角。尤其是在滨水景观区域，人的视线因水景的存在而相对放低，地被植物为裸露在外的土层起到了装饰性作用，为竖向空间创造了更丰富的层次感，同时也保护了滨水区的水土不易流失。乡村滨水景观中常用的地被植物有麦冬、石菖蒲、葱兰、马尼拉草、南天竹、杜鹃等。由于我国乡村目前尚无完善的环境管理团队，以及乡村中存在家禽家畜的放养，所以不提倡在乡村中，尤其是乡村滨水景观环境中大面积地使用草坪。

（4）水生、湿生植物

在滨水景观环境中，水生植物与湿生植物是这类景观环境中独有的植物类型。水生与湿生植物能很好地将滨水区陆地景观与水域通过自然的方式结合起来，丰富水面景观效果。常见的乡村滨水景观水生、湿生植物有荷花、黄花鸢尾、菖蒲、美人蕉、紫芋、芦苇、狐尾藻等。

4. 案例分析

1）现状水体分析

湖北省黄冈市陈策楼村项目区东侧紧邻水系一条，名为朱道士河，水质较好，平时为项目区内部耕地抗旱排涝所用。内部分布了大面积的坑塘水面，多为水产养殖所用的鱼塘，如图 6-15 所示。

现状坑塘景观：坑塘周边景观单调，四季色彩不明显。

目标：提升坑塘周边绿化景观。打造充满活力、多姿多彩的水域空间景观。

(a)

图 6-15　现状水体图

（a）现状水体分析；（b）、（c）坑塘景观现状

2）水岸景观设计指引

（1）村内生态塘

设计思路：村内生态塘与村民的生活息息相关。设计过程中要注重塘与村民之间的互动关系，通过台阶、亲水平台等打造亲水景观，提高村民对水

域景观的参与性（图 6-16、图 6-17）。

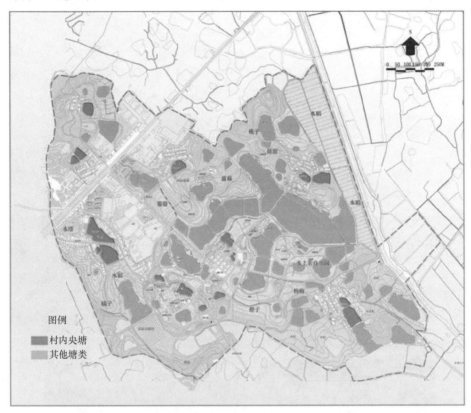

图 6-16　村内生态塘景观规划指引

图 6-17　村内生态塘景观规划意向图

种植手法：混植或间作种植亲水植物，改变单调的水域环境，丰富塘边绿化景观系统。

（2）村外生态塘

设计思路：结合当地种植习惯，在塘埂上种植果树，同时清除现状杂草，如狼尾草、苜蓿、黑麦草等鱼食植物。达到在保持原生态水岸景观的基础上，改善动植物生长、栖息环境的功能。利用池塘星罗棋布的优势条件，开展旅游、农、林、牧、渔等产业活动，形成原生态水环境的良性循环（图6-18、图6-19）。

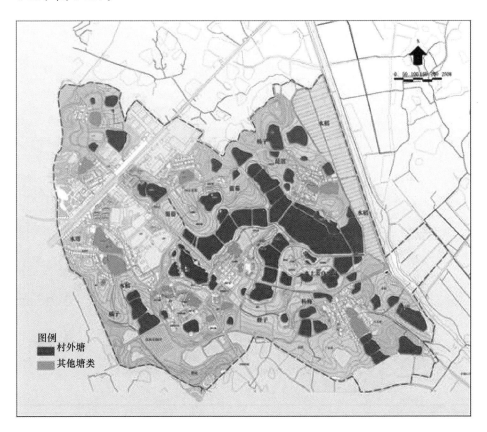

图 6-18　村外生态塘景观规划指引

种植手法：利用河岸多彩植物以及水中绿植的倒影，营造多彩河岸四季景观。

（3）景观河道

设计思路：对现状塘边的排灌沟渠进行拓宽改造，打造一条游船观景系

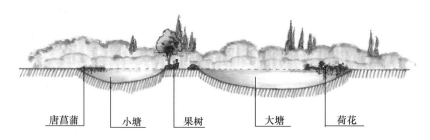

唐菖蒲　　　小塘　　　果树　　　大塘　　　荷花

图 6-19　村外生态塘景观断面图

统、游船码头以及亲水平台。打造丰富的游船景观空间，多层次、多角度地观赏河道景观。同时河道两侧种植可采摘的果树，游客在游船的过程中也可进行采摘，丰富了景观空间的同时，增强了游船乐趣（图 6-20、图 6-21）。

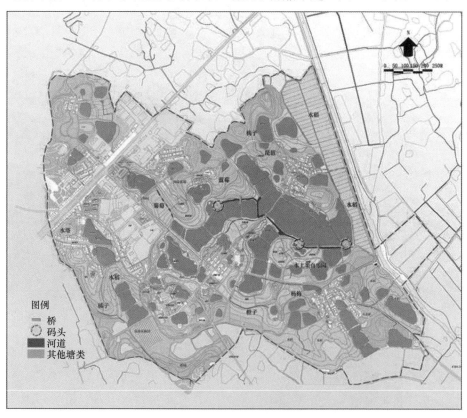

图例
　桥
　码头
　河道
　其他塘类

图 6-20　景观河道规划指引

种植手法：利用彩色植物设置滨水景观小道，打造多彩景观界面，同时在河岸两侧种植果树。

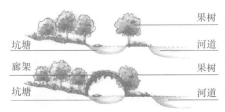

图 6-21　水体景观断面及意向

6.2.3　乡村绿化景观

美丽乡村的建设实施，离不开村庄绿化景观的规划设计。村庄绿化对改善农村生态环境、增强农业综合生产发展能力、促进人与自然和谐、统筹城乡和谐发展具有重要意义。村庄绿化具有与城市绿化不同的特点，参照村庄绿地分类系统，把村庄绿化用地类型分为道路绿地绿化模式、公园绿地绿化模式、生产绿地绿化模式、防护绿地绿化模式和其他绿地绿化模式。

1. 道路绿地绿化模式

村庄道路是整个村庄的结构骨架，村庄道路绿地是依附在村庄道路系统上的绿色元素，它是村庄景观生态系统中的生态廊道，占整个村庄绿地面积的较大比重，它以网状、线状等形式将村庄绿地联系在一起，组成一个完整的村庄绿地系统。村庄道路绿化不仅可以创造丰富多彩的街道景观，还可以净化空气、调节气候、保护路面和行人，如在炎热的夏季，良好的村庄街道绿化能使树荫下的气温比烈日下的道路面低5℃以上。按照村庄道路的使用功能，将村庄道路绿化分为两大模式：

1）重要交通道路绿化

一般是指村庄中连接村内外交通的主要道路，这类道路除满足交通功能外，还应满足驾驶安全、视野美化和环境保护的要求，通常以建设生态环保林为主，兼顾景观效果，包括分隔带绿化、路侧绿化和道路转角处绿化。按照对外和对内，分为进村道路绿化和村内主要道路绿化。

（1）进村道路绿化

进村道路处于村庄生活区外围，有的连接城市干道，其周边多是田地或者菜园、果园、林带，绿化选择栽植树干分支点较高、冠幅适宜的经济树种，谨防绿化树木影响到农作物的生长；不与农田毗邻的道路，栽植分支点较低的树木，如桧柏等（图6-22）。

图6-22　进村道路绿化

一般道路两旁种植1～2排高大乔木，为加强绿化效果，也可以在乔木间种植大叶女贞等常绿小乔木，或紫薇、黄杨、海桐球等花灌木。较窄道路的绿化，为了保证行进中能够看到田园远景风光，乔木下灌木修剪高度不宜高过0.7m或按照一定间距分散种植灌木丛；经济较好的村庄可按"两高一低"的原则进行绿化，即在两乔木间搭配彩叶、观花常绿树种或花灌木，达到多层次的绿化效果；较高级别道路具有机动车道与非机动车道分隔带，通常在机动车道两侧设置分车绿带，在非机动车道外缘设行道树。两侧分车绿带的绿化植物不宜过高，一般采用绿篱间植乡土花灌木的形式。

（2）村内主要道路绿化

村内主要道路具有车辆通行、村民步行、商贸交易等功能。该类型道路的使用率和通行率均较高，其绿化应美观大方，保证视野开阔通畅。一般村庄主道不存在分隔带，仅需两侧进行绿化，以实用、简洁、大方为主，也可以在不妨碍通行的位置种植落叶阔叶树种，起到遮阴、纳凉和交往空间的作用（图6-23）。

也可考虑统一树种，并统一要求各家门前的植树位置，形成一街一树、一街一景的特色。对于道路一侧的宽敞空地，可种植枝下高度较高的孤赏大

图 6-23　村内主要道路

树，形成一个适宜休息、闲谈的交往空间，体现提供人际交往场所的功能。人行道绿化宜栽植行道树，充分考虑株距与定干高度。在人行道较宽、行人不多的路段，行道树下可种植灌木和地被植物，以减少土壤裸露和道路污染，形成一定序列的绿化带景观。

村庄原始形成的主要商贸街道，路面较窄，种植宽度较小，应以种植灌木为主，与地被植物相结合。道路两侧可种植树体高大、分枝点较高的乡土乔木，间植常绿小乔木及花灌木；也可以栽植果材兼用的品种，如选择柿树等高主干式的经济果木为行道树，再配置一些花灌木；为了调节树种的单一性，在适当区域可选择树形完整、分枝低、长势良好的其他乡土树种，再配置常绿灌木；经济条件允许时，行道树可选择档次较高的园林树种。

2）生活街道绿化

一般是指村庄中的次要道路或支路，主要包括村内住宅间的街道、巷道、胡同等，具有交通集散功能，是村民步行、获取服务和进行人际交往的主要场所。这类道路是最接近农户生活的道路，对于家门口的绿化，可布置得温馨随意，作为庭院绿化的延续补充。由于宽度通常较窄、道路不规则，其绿化具有一定的局限性，在植物布置时须更具针对性，在村庄环境整治的基础上，改善绿化和卫生条件较差的现状，以保证绿化实施的效果（图 6-24）。

在不影响通行的条件下，可在道路两侧各植一行花灌木，或在一侧栽植小乔木、一侧栽植花灌木；两侧为建筑时，紧靠墙壁栽植攀缘植物。经济林

图 6-24　生活街道景观

木可应用到农户庭院门口道路一侧，设置横跨道路的简易棚架，种植丝瓜、葫芦等作物。拐角处可种植低矮的花灌木或较高定干高度的乔木进行绿化美化，增添生活趣味；对于较窄的小路，根据实际情况调整为单侧绿化，一侧种植大量绿篱，间隔开硬化路与裸露地面，形成道路、绿化植物与农舍融为一体的乡村画卷；对于村庄内的菜园地道路，选择生长力较强的蔬菜覆盖边坡，在营造良好绿化效果的同时节约土地，经济、美观、实用。

3）案例分析

（1）现状道路景观

湖北省黄冈市陈策楼村现状道路两边缺乏绿化，缺乏特色。规划方案的改造目标是丰富道路两侧绿化，加强道路经济林果植物种植，重点打造谭秋故里绿化景观带。

（2）道路景观设计指引

① 重要交通道路绿化：在湖北省黄冈市陈策楼村美丽乡村详细规划项目中，以农业景观为主体，打造村庄道路景观。行道树树种选择以果树为主，配植花灌木和地被植物。项目最具代表性的是建设了一条具有当地乡土特色的交通大道——"香橘"大道，道路的主导景观是当地盛产的橘树，有

图 6-25　道路景观现状

"万盏小橘灯照亮着中国红色文化道路"的美好寓意。同时，在道路两旁种植锦鸡儿、胡枝子、大花溲疏等植物配景，景观树种主要是常绿乔木，道路景观具有观花、观果、采摘等功能（图 6-25、图 6-26）。

图 6-26　"香橘"大道意向图

②生活街道绿化——红色飘带景观步道：在湖北省黄冈市陈策楼村美丽乡村详细规划项目中，还规划建设了一条红色飘带景观步道，代表红色景观之路，围绕中央水域打造红色文化之旅。道路两旁栽植以红色为主的地被花卉，辅以多彩花卉，提升景观的观赏性（图 6-27）。另外，红色飘带景观步道沿路配置的标志、小品都以红色为主，如表 6-1 所示。

图 6-27　红色飘带景观步道规划示意图

表 6-1 红色步道植物推荐

名称	上层植物种类	地被种类
红色植物	木槿、山茶花	一品红、石蒜、月季、一串红
橘色植物	黄刺玫、迎春、连翘	月季、长寿花、萱草
黄色植物	桂花	油菜花、菊花、月见草
绿色植物	黄杨	虎耳草、龟甲冬青
白色植物	玉兰、杏、梨	雏菊、福禄考、葱兰
粉色植物	西府海棠	凤仙花、矮牵牛、夏堇、石竹
紫色植物	紫薇	桔梗、紫花地丁、飞燕草

2. 公园绿地绿化模式

1) 公园绿地绿化模式分类

借助地域位置（如靠山临水或风景名胜区）、生态景观条件和交通条件，分析公园位置、规模、服务人群等特点，确定建设主导类型。

（1）休闲型公园绿地：这类公园主要服务本村村民以及靠近本村庄的居民，主要具备生态、美化、休闲娱乐等功能，包括三类（表 6-2）：

表 6-2 休闲型公园绿地建设要点

公园类型	建 设 要 点
普通小游园	村庄中最多类型的公园，一般受经济、人口和土地利用影响，无须建设大型的公园绿地，通常以小游园、小广场的绿地形式出现。重点规划合理的活动空间，形式简单、朴实、实用
城乡结合部的村庄公园	可以起到分流城市公园绿地压力的作用，公园的规划设计可以参照城市绿地的标准进行，但要突出城郊和地域景观的特色
新建居住区村庄公园	主要服务居住范围内的居民，公园的规划设计可以依据城市绿地的标准进行，注重体现农村固有的乡村特色，尽量保留城市化进程中的乡村历史痕迹

（2）风景旅游型公园绿地：此类公园绿地以村庄中的风景旅游区、文化古迹和产业经济为主。在为村庄居民提供休闲娱乐的同时，更多的是对外提供其风景旅游资源，为农村居民提供经济收益和就业机会等，包括两类（表 6-3）：

表 6-3　风景旅游型公园绿地建设要点

公园类型	建　设　要　点
风景旅游、文化古迹等为主的公园	在保护和修复的基础上，利用乡土树种和复古种植等方式尽量营造出原有的历史植物景象，在提供给游人优美的旅游环境的同时，体现源远的历史情怀
林产（苗木、果蔬采摘等）经济为主的公园	农耕、果蔬采摘等实践活动是此类公园的特色，由于村庄面积限制，一般绿地面积不大，规模上偏小、品种多、布局合理，重点体现农家乐的风格，通常结合生产绿地进行建设

2）公园绿地绿化建设要点

（1）如今，村中年轻人外出打工的很多，留守老人和儿童，因而在建设村庄公共绿地时，应充分考虑老人和儿童的活动需要，一般包括：实用的休憩设施，如在落叶大乔木下设置座椅等；为老人设置的喝茶、打牌设施及村民健身设施，为儿童设置的滑梯、秋千、沙坑等；充足的绿化，以丰富景观层次和色彩；少量面积的硬质铺装，通常采用广场砖或水泥铺地；一定的照明设施，方便村民晚间使用。此外，还可以设置适宜的历史名人、传奇故事雕塑等，以增添文化氛围，如图 6-28 所示。

(a)　　　　　　　　　　　　(b)

图 6-28　村庄绿地图

（a）村庄公园座椅；（b）村庄公园游憩健身场地

（2）成功的村庄公共绿化，是人们进行活动的载体，最能体现村庄个性和特色。规划时要留有足够的空间，用绿化作为分割，以满足不同人群需求。通常可用小花坛、树池座椅、花架长廊等方式弱化分区，形成老人休闲和儿童玩耍场地的自然过渡。对于有条件的村庄，可以在村庄中心将绿化广场与商业建筑相配合，结合一些喷泉、小品等零星的构筑，形成全村商业、休息、娱乐的活动中心。

（3）村庄公园的种植设计，是村庄绿化的亮点所在，应充分结合本地气候环境，适地适树，常绿与落叶、观花与观叶合理搭配，讲求点线面协调，采用乔灌草复合的绿化形式。宜采用形态、色彩俱佳的树种，如：雪松、香樟、广玉兰等常绿乔木；梧桐、火炬树、海棠、白玉兰等落叶乔木；柑橘、山茶、枸骨、月季等常绿灌木；连翘、金钟花、珍珠梅、锦带花等落叶灌木；紫藤、凌霄等藤本；万寿菊、一串红、鸡冠花等草花地被。

3）案例分析

湖北省黄冈市陈策楼村现状村庄原来缺少景观节点，入口缺乏观赏性，广场缺少绿化，如图 6-29（a）、（b）所示。因此，规划目标是注重村庄景观轴、环线、节点打造，形成集休闲、文化、娱乐、游览于一体的综合景观系统，如图 6-29（c）、（d）所示。

湖北省黄冈市陈策楼村美丽乡村规划公园广场设计思路是以精品化打造为主体思想，配以水体景观、观景凉亭、观赏广场及花带等软硬结合的景观，打造富有红色文化特色的中心景观，建设陈策楼村庄旅游核心。

广场景观的种植手法主要选取具有红色文化特色的景观植物，诸如山楂、桂花等，同时合理搭配乔木、灌木、地被等打造丰富的景观空间，同时利用我国传统造园手法打造中心入口的景观园。

3. 生产绿地绿化模式

随着部分农村生活生产活动的逐渐减少，生产绿地只在一些中心村或者经济比较发达的村庄保留，宜将其部分慢慢融入到村庄公园绿地或居住绿地中去。生产绿地在形式上属于整个村庄绿化内容的补充与丰富，与其他绿地同样发挥生态价值和景观效果的同时，更多的是获取经济效益。根据村庄的地理位置特征和村庄产业的主要作物，把生产绿地绿化模式划分为农田绿化模式和经济林绿化模式。

1）农田绿化模式

图 6-29　景观节点现状及规划意向图

（a）、（b）景观节点现状；（c）、（d）规划意向图

此类模式主要适用于平原地区的村庄，通常以种植蔬菜、庄家等农作物或苗木等，如：村民日常生活所需的葱蒜、青菜、丝瓜、南瓜以及树苗等。这种绿化模式既保证了农村有限土地的合理利用，同时为村庄的生产、生活添加更多的农耕乐趣。

2）经济林绿化模式（图 6-30）

此类绿化模式主要在丘陵山区，以种植果树、苗木等为主。一方面满足村民自家的生活所需，还可以吸引旅游的城乡居民来此采购；另一方面，种植的大量杨梅、桃、葡萄、梨树、茶园、竹园等可以作为经济的主要来源。苗木品种要更加多样化，但村庄内部用地通常比较紧张，因此一块地一般只种植一个品种。

(a)   (b)

图 6-30　农田及经济林绿化

（a）农田绿化；（b）经济林绿化

3）案例分析

（1）现状农田景观（图 6-31）

湖北省黄冈市陈策楼村现状农田作物繁杂，缺乏景观性、特色性。

规划目标是改善生产条件，与生态保护相结合，打造农田景观，并结合特色农作物打造特色景观。

(a)   (b)

图 6-31　农田景观现状

（2）农田景观设计指引（图 6-32）

湖北省黄冈市陈策楼村美丽乡村规划项目中，农田景观设计主要采用了林果景观、荷塘景观以及水稻农田景观的整体打造来完成的。

① 林果印象：通过交通性道路（香橘大道）两旁设置可采摘的橘子树，让游客在通行的过程中即可享受林荫遮蔽，又可享受采摘带来的乐趣。步行性景观道路，引导游客进入附近采摘园和项目点（图 6-33）。

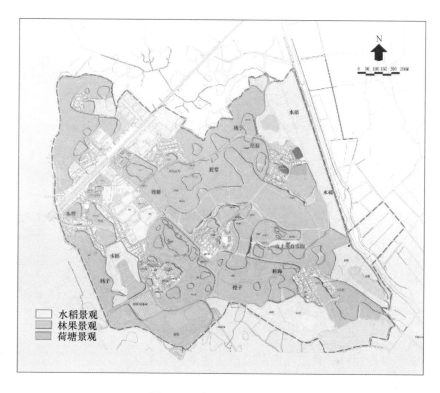

图 6-32　农田景观规划指引

图 6-33　林果景观规划意向图

②荷塘印象（图 6-34）：通过设置河岸边滨水小道，吸引游客驻足观赏荷塘景色，感受荷塘印象。通过设置游船系统，使游客小船戏水与荷塘之中，观赏荷塘景色的同时，采摘莲藕。

③水稻印象（图 6-35）：游客可通过田间小路，漫步于稻田之中，感受大地景观的独特魅力。游客位于远处或高处时，可观赏由七彩稻田组成的爱

图 6-34　荷塘景观规划意向图

图 6-35　水稻印象规划意向图

国主义图案，在提升景观品质的同时传播爱国主义文化。

4.防护绿地绿化模式

村庄的防护绿地主要指村庄内部的林带防护林。对于比较小的自然村来说，仅仅只是建设的围庄林带，功能不仅是防护，更多的是在有效的空间内提供游憩环境；但对于较大的村庄来说，通常根据村庄的大小和内部结构布局灵活布置绿化，适宜建设各类防护林带。根据防护绿地的功能不同，主要把绿化模式划分为单一防护林带模式和游憩防护林带模式。

1）单一防护林带模式

此类模式主要针对较大的村庄绿化，通常结合城市防护绿地的规划方式，形成包括道路防护林带、组团防护隔离带、卫生隔离带和围庄防风林带等在内的综合防护林带，其中在组团防护隔离带和围庄防风林带里可适当设置娱乐游憩设施。

2）游憩防护林带模式

此类模式主要针对较小的村庄绿化，主要在村庄周围建设围庄林带。因为村庄较小，围庄防护林很靠近居民，村民可充分利用这样的环境资源，并且外围或有更大的防护林带。除具有防护功能外，还兼具一定的游憩娱乐功能，可以布置一些休闲活动设施，如：座凳、栈道等，带来生态和景观上的双重效益。

规划围庄林带应考虑村庄外缘地形和现有植被等因素，因地制宜地进行。林带要与村庄的盛行风向垂直，或有 30°的偏角，尽可能保持林带的连续性，提高防护功能。种植方式一般采用规则式，株距因树种不同而异，通常 1~6m，还可进行块状混交造林。树种的选择采用乔灌草相搭配的形式，多营造树形高大、树冠枝叶繁茂的乔木，一般尽可能选择速生树种，以便尽早发挥林带的防护作用，也可栽植经济林木或果树，如银杏、榧树、柑橘、柿树、枣树等，在美化环境的同时取得一定的经济效益。杭州地区常用树种有杉木、板栗、核桃、油茶、柑橘、毛竹等。

5. 其他绿地绿化模式

村庄中除了点状的庭院、单位附属地，段状的道路、河流，面状的广场、村庄废弃地、空置地外，还存在一些可绿化的小面积零碎隙地，主要存在于公共基础设施，如变电室、厕所、井台等周围。这些基础构筑物较为分散，是否能够很好的绿化，对提升一个村庄的整体绿化有着重要的意义。由于空隙地比较细碎，通常采取"宜林宜绿、见缝插绿"的绿化模式。各零碎地的建设要点如下：

变电室、垃圾收集房等设施，考虑用冬青、黄杨、小叶女贞等枝叶浓密的绿篱植物或者竹类等植物材料进行遮挡美化，仿造院墙下基础种植的方式进行美化。对于新建的这类基础设施，可以结合乡土建筑风格设计其外观，用植物进行覆盖屋顶绿化。

厕所一类基础设施的使用率较高且不宜隐藏，绿化时采用半遮挡的方式进行处理，一侧种植略微高大的小乔木，建筑顶部种植草本植物，墙体使用攀缘植物立体绿化，不仅使绿化具有安全性和遮蔽作用，使一个原本孤立的建筑达到生态美化的效果。

井台旁是原始村落中使用率和村民出现率较高的地方，由于自来饮用水的出现，现在的井台已经失去了原有的功能。绿化时可利用这块空地，在保证其安全性后在附近种植冠大荫浓的树木，设置座椅，提供休闲的好去处。

菜园周边的绿化一般采取散植和围合两种绿化方式：散植绿化是指在菜园地内种植一株或分散种植几株树木的绿化方式，一般选择主干明显、冠幅较小的乔木，如水杉、池杉等，也可种植梨、苹果、杨梅等主干式树形为主、枝下高 2m 以上的树木，这种方式可避免高大树木的浓荫遮盖地面，影响蔬菜生长，也能打破大范围平坦菜地带来的视觉单调感。菜地的边角处空间较大，在距离田垄较远的地方，选用冠幅较大的落叶乔木树种，如泡桐、柿树等，方便夏日村民劳作休息。

围合绿化是指在大片分户种植的集体菜地外围进行的绿化。一般选择低矮的小灌木，成排种植，形成绿篱。小乔木的种植与菜园地的距离不宜太小，要考虑光照方向和林木间距，保证蔬菜采光良好。树种选用树冠整齐、形态美观、具有观赏价值的经济林木或果木，如银杏、柑橘树等；庭院内或宅旁小面积菜园绿化时，可作为一个小花园去规划，在菜园内散植少量独干花木，在其四周栽植绿篱及开花树木，如用桂花、樱花等包围，将蔬菜作为地被植物去栽培。

6.2.4 庭院景观设计

村庄庭院是与村民生活、生产联系最为紧密的场所，是组成村庄聚落的基本单元。村庄庭院是指农村平房和独门独院式住宅庭院，主要包括庭院和房屋前后的零星空地。庭院景观规划设计不仅可以改善居民的生活环境，提高村民的生活质量，村庄绿化还可以运用园林学和乡村旅游学的理论，创造出"小花园""小果园""小菜园"等具有地方特色的庭院，带动地方特色经济和乡村旅游业的发展，解决农村剩余劳动力，促进农民增产增收。

1. 庭院景观设计要点

（1）庭院景观的设计应选择既美观又实用的绿化树种，使其既能起到遮阴避暑、美化环境的作用，又能够获取一定的经济效益。植物布置应与村庄住宅的房屋形式、层数和庭院的空间大小相协调，植物造景应与庭院绿化的总体布局相一致、与周边环境相协调，植物选择还应满足住户卫生、采光、通风等需求。

（2）庭院景观设计的植物种植要保持合理的密度，造景设计应以成年树冠大小为主，还应考虑树木间距，以及近期效果和远期效果的结合。植物配置时应采用乔木与灌木、常绿树与落叶树、观叶树与观花树、速生树与慢长树互相搭配的方式进行栽植，在满足植物生长条件下尽量达到复层绿化的效果。庭院景观设计的植物造景还应充分考虑利用植物随着季节的变化交替出现的色相变化，创造出不同的庭院景观。

（3）庭院景观设计还应采用垂直绿化、屋顶绿化和盆栽绿化等方式开拓绿化空间，扩大绿色视野，提高绿化覆盖率。

2. 庭院景观设计模式

1）林木型庭院景观模式（图6-36）

林木型庭院景观模式是指在庭院种植以用材树为主的经济林木，其特点是可充分利用有效空地，根据具体情况种植高效高产的经济林木，以获取经济效益。绿化宜选用乡土树种，以高大乔木为主、灌木为辅。

图 6-36　林木型庭院

屋后绿化以速生用材树种为主，大树冠如泡桐、楸树等，小树冠如水杉、池衫等。在经济条件较好地区，在屋后可种植淡竹、刚竹等经济林木，增加经济收入。

屋前空间比较开敞的庭院，绿化要满足夏季遮阴和冬季采光的要求，但植树规模不宜过大，以观赏价值较高的树种孤植或对植门前为主。选择枝叶开展的落叶经济树种为辅，如：果、材两用的银杏；叶、材两用的香椿；药、材两用的杜仲等；对于屋前空间较小的庭院，在宅前小路旁及较小空间隙地，宜栽植树形优美、树冠相对较窄的乡土树种。

对于老宅基地，在保留原树的基础上补充栽植丰产、经济价值较高的水杉、池衫、竹类等速生用材树种。在清除原有老弱树和密度过大的杂树时，尽可能多地保留原本就不多的乡土树种，如：桂花、柳、银杏等。院内种植林木要考虑其定干高度，防止定干过低，树枝伤害到人畜；在庭院与庭院交界处，要确定合理的定株行距，来保持农户间所植苗木相对整齐。

2）果蔬型庭院景观模式（图6-37）

果蔬型庭院景观模式是指在庭院内栽植果树蔬菜，在绿化美化、自给自足的同时，还能带来经济效益的一种绿化模式。此模式适用于现有经济用材林木不多或具有果木管理经验的村庄或农户。农户可根据自己的喜好，在庭院内小规模种植各类果树和蔬菜等品种。有条件的村庄，可发展"一村一品"工程，选择如柑橘、金橘、枇杷、杨梅等适生树种，形成统一的村庄绿化格局，又可获得较好的经济效益。

图6-37　果蔬型庭院

经济果木可根据当地情况选择适宜生长的乡土果树，如梅、枇杷、金橘、柑橘等果树，宜采用1～2种作为主栽树种，根据果树的生物学特性和生态习性进行科学合理的搭配。

在大门口内侧可配置樱桃、苹果等用于观花、观果的果树，树下再点缀耐阴花木，当果实成熟时，满树挂果，景象非凡。在果树旁种植攀缘蔬菜，树下围栏种植一些应时农作物，产生具有层次的立体绿化效果，既美观实用，又节约土地。

在路边、墙下开辟菜畦，成块栽种辣椒、茄子、西红柿等可观果的蔬菜，贴近乡村生活，自然大方。院落一角的棚架用攀缘植物来覆盖，能够形成富有野趣和生机的景观，同时具有遮阴和纳凉功能。

选择不同果蔬，成块成片栽植于院落、屋后，少量植于院墙外。果树栽植密度应依品种、土壤条件，庭院中一般在靠墙一侧呈单排种植果树，在树下种植蔬菜时，注意果树的枝下高度，保证采光，其种植密度与田间类似。

3）花草型庭院景观模式（图6-38）

花草型庭院景观是指结合庭院改造，以绿化和美化生活环境为目的的绿化模式。此类绿化模式通常在房前屋后就势取景、点缀花木、灵活设计。选择乡村常见的观叶、观花、观果等乔灌木作为绿化材料，绿化形式以园林

图 6-38　花草型庭院

常用的花池、花坛、花镜、花台、盆景为主。花草型庭院多出现在房屋密集、硬化程度高、经济条件较好、可绿化面积有限的家庭和村落。

房前一般布置花坛、花池、花镜等。为了不影响房屋采光，一般不栽植高大乔木，而以观叶、观木或观果的花灌木为主。房前院落的左右侧方，一般设计为花镜、廊架、绿篱或布置盆景，以经济林果和花灌木占绝大多数，有时为夏季遮阴也布置树形优美的高大乔木，如楸树、香樟等。屋后院落一般设计为竹园、花池、树阵或苗圃，主要植物种类有刚竹、孝顺竹、银杏、水杉、朴树等，以竹类和高大乔木为主。

此类模式的绿化乔木可选择一些常绿树种，如松、柏、香樟、广玉兰和桂花等。花卉可选取能够粗放管理、自播能力强的一、二年生草本花卉或宿根花卉，进行高、中、低搭配。常见栽培的园林植物有鸡爪槭、红叶李、桂花、木槿、石楠、茶花等；绿篱植物主要有黄杨、栀子、小叶女贞、金钟花、连翘、小蜡等。

4）综合型庭院景观模式

这种景观模式是前面几种模式的组合，也是常见的村庄庭院景观设计形

式，通常以绿化为主、硬化为辅；以果树和林木为主、灌木和花卉为辅。景观设计形式不拘一格，采用林木、果木、花灌木及落叶、常绿观赏乔木等多种植物进行科学、合理配置，在绿化布置时因地制宜，兼顾住宅布置形式、层数、庭院空间大小，针对实际条件选择不同的方案进行组合。植物材料布置在满足庭院的安静、卫生、通风、采光等要求的同时，要兼顾视觉美和嗅觉美的效果，体现农家整齐、简洁的风格。

图 6-39　综合型庭院

庭院一般采用空透墙体，以攀缘植物覆盖，形成生态墙体，构成富有个性的、精致的家园；也可采用栅栏式墙体，以珊瑚树作基础种植，修剪成近似等高的密植绿篱围墙，生态、经济、美观，且具有一定的实用性。建筑立面的绿化一般在窗台、墙角处放置盆花；墙侧设支架攀爬丝瓜、葫芦；裸露墙面用爬墙虎等攀援植物进行美化点缀，如图 6-39 所示。

庭院花木的布置可在有一种基调树种的前提下，多栽植一些其他树种。农户也可根据自己的需要和爱好选种花木，自主布局设计，仿照自然生长，实行乔、灌、草、三层结构绿化（其中草本、地被可采用乡村常见蔬菜）。综合型庭院绿化将花卉的美观、果蔬的实用、林木的荫蔽，共同集中组合在庭院中，创造丰富的景观效果。

3. 案例分析

广西玉林市鹿塘村庭院的改造重点在于庭院景观的重塑与提升，主要通过乡土气息浓厚的蔬菜瓜果和常见庭院花卉，辅以花架等园艺小品，形成内容丰富、变换多样的园林式庭院景观。

1）院落入口景观

在庭院入口处添加农家型的蔬菜瓜果自然景观，通过简单自然的乡村气息达到吸引游人的目的。同时，以家庭为单位，规划建议种植"梅兰竹菊"类景观，营造文化氛围，与村庄整体的景观形成强烈视觉效果。同时采用垂直绿化的方式，增加院落景观效果，如图 6-40 所示。

图 6-40　院落入口景观规划

2）庭院内部景观

庭院内部，以玉林当地特有植物和常见的庭院植物，配合小型园林布局，营造出宜人的生态景观氛围，并与村庄整体的景观形成强烈视觉效果。

庭院景观的打造要坚持维护乡村特征，鼓励多种居住模式，布置花卉、观赏树木、菜园、果树等。同时，通过家庭园艺、阳台花架丰富建筑立面，营造美丽街巷景观，打造一户一景、步移景异的庭院景观，如图 6-41 所示。

图 6-41　庭院内部景观

3）庭院景观围合的两种形式

从私密性的角度，鹿塘村现状庭院分为两类，一类是私密性较好的庭院，这类庭院大多自建有门楼与围墙，与外部空间交流较少；一类是相对开敞的庭院，门前庭院与道路等公共空间直接相连。

根据庭院私密性的差异，项目的庭院景观设计分为了两种不同的形式：

（1）私密性较好的庭院

庭院以地势的高差或枝叶繁密的植物围合，形成较为私密的空间。例如：竹子、木头、块石等。既能有效划分各家庭院的空间，又可保持家家户户之间的沟通和交流，如图6-42所示。

图6-42　私密性较好的庭院景观营造效果

（2）开敞性较好的庭院

由于庭院没有院墙，呈开敞或者半开敞状态，开放性较好，便于对外交流，特别是沿街、沿塘的开敞性庭院，适合商业服务开发。因此，对于开敞或半开敞庭院，适宜结合沿街环境进行适当的绿化改造，营造自然古朴的园林式街道景观环境，如图6-43、图6-44所示。

图6-43　开敞性较好的庭院景观营造效果

图 6-44　半开敞式庭院景观建设效果

4）庭院布局形式

鉴于鹿塘村旅游及配套服务功能的发展与提升，民居中除了一部分用于村民自住的传统型庭院，还会建设一定数量的旅游住宿和餐饮接待型庭院，对传统型庭院和服务接待型民居的室内布置和庭院景观营造予以区别对待和专属设计，如图 6-45 所示。

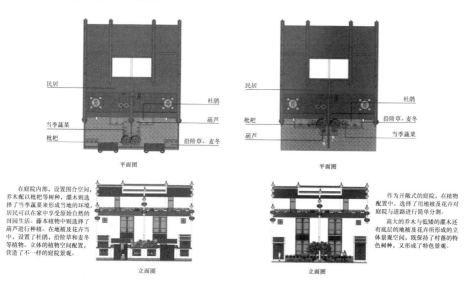

图 6-45　庭院布局和景观设计

（1）传统型庭院布局：建筑质量和风貌整体较差、位置相对不佳的庭院，主要采用传统型院落布局，对辅助用房进行集约化安置，同时兼具生产功能。院落布局中主要考虑杂物房、厨房、住房、菜园等功能部分，充分体现了古朴田园农家的特色。

（2）旅游住宿型院落布局：对建筑质量和风貌整体较好、位置优越，并且周边环境良好的民居，按照旅游住宿型院落形态进行改造，用来满足外来游客的旅游住宿需求。在具体布局设计上，主要考虑游客的居住、停车需求，以及庭院的景观性，要让游客在住宿时，也能有适当的户外休闲空间。在内部布局上，主要通过绿植来划分空间，既有围合感，又能互相通透。院落布局中主要包括住房、厨房、菜园、厕所、停车场等功能部分。

（3）餐饮接待型院落布局：建筑质量和风貌整体较好、沿街布置，并且交通区位好的民居，主要按照餐饮接待型院落形态进行改造，用来满足外来游客的就餐需求。在具体布局设计上，主要考虑游客的就餐、停车需求，以及庭院的景观性，要让游客在舒适的环境下就餐。院落布局中主要包括餐厅、厨房、菜园、厕所、停车等功能部分，外围被大量的绿色环境包围，打造园林式生态餐厅。

6.2.5　建筑立体绿化景观

建筑立体绿化，运用立体空间或是少量的土地种植一些藤本植物，以达到一定的绿化效果。建筑立体绿化具有占地少、适应性强、繁殖速度快等特点，垂直绿化可以充分利用村庄庭院的空间，不仅增强了庭院绿化的立体效果，还会大大提高村庄绿量和村庄绿地覆盖率；另外，垂直绿化可以通过藤本植物的蒸腾作用和遮阴效果，大大减少阳光的辐射强度，使夏季室内的温度大大降低。据有关测定，具有"绿墙"的住房的室内温度可比无"绿墙"的住房低 13～15℃。冬季落叶后，藤本植物不仅不会影响太阳的照射，它附着在墙面上的枝茎还可以形成一层保温层，能够起到调节室内气温的作用。大多藤本植物的叶面不平、多绒毛，能够分泌有黏性的汁液，具有较强的滞尘能力，能够不断地过滤和净化空气。藤本植物宽大、密实的藤蔓枝叶可以吸收和反射声波，能够减少噪音能量，具有一定的隔音作用，使村庄庭院保持安静的环境。藤本植物还可以隐蔽庭院厕所、垃圾场等，加强建筑与周边环境的联系。

建筑立体绿化主要包括院墙绿化、屋顶绿化和棚架绿化三种形式。

1. 院墙绿化

院墙绿化是利用具有吸附、缠绕、卷须、钩刺等攀缘特性的植物对院墙表面进行的一种绿化形式，是一种占地面积小且覆盖面积大的绿化形式，其绿化覆盖面积能够达到栽植占地面积的几十倍以上。在院墙绿化植物的配置和选择时，应根据植物的攀援方式、墙面质地、墙面朝向、墙体高度、墙体形式与色彩和当地气候条件等因素选择合适的植物种类和配置方式。农村常用的院墙绿化植物有爬山虎、三叶地锦、五叶地锦、牵牛花、山葡萄、凌霄、金银花、常春藤等（图 6-46）。

(a)　　　　　　　　　　　　(b)　　　　　　　　　　(c)

图 6-46　建筑立体绿化景观

（a）院墙绿化；（b）屋顶绿化；（c）棚架绿化

2. 屋顶绿化

屋顶绿化可采用多种绿化方式，可采用盆景、盆栽花草进行绿化；也可结合屋顶状况设置藤架、种植攀缘植物；还可以在屋顶铺垫种植土，种植花草树木。由于屋顶具有光照强、风速大、蒸发快等特点，并且由于受荷载因素限制，屋顶土壤层厚度一般都较小，因此，屋顶绿化选择的植物应注意以下特点：选择耐旱、耐寒的矮灌木和草本植物；选择耐贫瘠的浅根性植物；选择抗风、抗空气污染、耐积水、不易倒伏的植物；选择容易移植成活、耐修剪、生长较慢的植物；选择可以实施粗放管理、养护要求较低的植物。农村屋顶绿化常用的花灌木有月季、牡丹、梅花、迎春、连翘、榆叶梅等，常用的地被花卉有万寿菊、杜鹃、一串红、鸡冠花、马兰、鸢尾、石竹等，常用的攀缘植物有紫藤、凌霄、爬山虎、常春藤、葡萄、金银花、多花蔷薇等，常用的地被植物有早熟禾、结缕草、野牛草、麦冬等。

3. 棚架绿化

棚架绿化是农村建筑立体绿化最普遍的一种绿化方式，棚架位置应根据庭院面积和住宅的使用要求确定，棚架应与房屋保持 1m 以上的距离，以避免影响室内采光和植物虫害侵入室内。在农村庭院中适合棚架绿化的植物种类常见的有葡萄、丝瓜、扁豆、藤蔓、苦瓜、小葫芦等。这种绿化方式简单易行，不仅能够达到乘凉、美化庭院的效果，还能产生一定的经济价值。

参考文献

[1] 曾巧巧 . 乡土景观营造要素初步研究[D]. 云南：昆明理工大学，2008.

[2] 俞孔坚 . 警惕和防止"新农村"名义下的破坏性建设[J]. 中国园林，2006，（3）：26-29.

[3] 刘滨谊，陈威 . 关于中国目前乡村景观规划与建设的思考[J]. 城镇风貌与建筑设，2005，（9）：45-47.

[4] 陈琍，马道云，姚光钰 . 徽州水口园林艺术浅析[J]. 安徽建筑，1998(06)：114.

[5] 徐清 . 论乡村旅游开发中的景观危机[J]. 中国园林，2007(06)：83-87.

[6] 曾蕾，余敏 . 水景设计与传统文化[J]. 艺术探索，2009(01)：131.

[7] 金程宏 . 衢州地区传统村镇水空间解析[D]. 浙江农林大学，2011.

[8] 梁雪 . 传统村镇实体环境设计[M]. 天津：天津科学技术出版社，2001.

[9] 余慧芬 . 我国社会主义新农村建设政策的历史必然性分析[J]. 广东农业科学，2010(4)：14-15

[10] 朱凤云 . 农村绿化美化技术[M]. 北京：中国三峡出版社，2008：28-33.

[11] 温和，周继伟，才大伟 . 村镇绿地布局的研究[J]. 科技创新导报，2011(10)：5.

[12] 柴茂林，陈林洪 . 村庄绿化规划与应用[J]. 干旱区研究，2010(8)：55-56.

[13] 韩冠男 . 京郊新农村建设中的村庄绿化规划研究[D]. 上海：上海交通大学，2010.

[14] 笪红卫，郭静 . 新农村村庄绿地规划研究[J]. 林业科技开发，2008，22（6）：127-129.

第 7 章　公共服务设施规划

村镇公共服务设施是指能满足农村居民基本的文化、教育、医疗、社保等权益，满足农村居民基本需要，并能以具体的物质形式得以表现的公共服务。村镇公共服务设施配置内容包括配置类型、项目和规模。按照村镇公共服务设施行政层级配置原则，村镇公共服务设施分为镇域和村级两个层级，其公共服务设施类型统一，但具体服务项目和规模各有不同。

7.1　公共服务设施配置依据

村镇公共服务设施进行配置时应主要考虑两个层次：一是村域发展水平，这很大程度上与村庄所在区域社会、经济和文化水平相关联；二是村庄类型，涉及人口规模、村庄用地规模、地形地貌、村庄规划类型等，划定村庄类型应基于村庄现状和未来发展趋势进行划分。

7.1.1　不同区域公共服务设施配置重点

我国地域广阔，区域发展不均衡，在公共服务设施配置时应考虑不同地域的经济发展水平、区域发展战略、当地村民生活习惯等因素。这些因素在一定程度上决定了不同地域农村居民的公共服务需求，从而决定了该地区公共服务设施配置的级别和内容。

京津冀、珠三角、长三角及东北地区是我国优化开发地区，城乡均衡发展将是优化开发重要内容之一。这些地区的农村大多有自己的主导产业，农民人均纯收入较高，对公共服务设施的需求也高，尤其在京津冀、珠三角、长三角地区，公共服务设施不仅要满足当地居民的日常生活需要，还要满足外来人口，如游客、外来务工人员等的服务需求。

中部地区是我国粮食主产区，也是农村人口最多的区域。这个区域的突出问题是优质劳动力外流情况严重、空心村比较常见、人口结构老龄化也日益凸显，因此需要针对其特殊的发展状况进行有针对性的公共服务设施配置。

成渝地区是我国最重要的重点开发区和城乡统筹示范区，该区域的产业结构、区域发展存在较为明显的"两极"分化，应注重资源的合理分配，保障城乡居民基本公共服务均等化。

西北地区人口相对稀疏，自然条件很大程度上制约了村域的发展，公共服务设施的配置应优先考虑教育设施及医疗设施的改善。

7.1.2 不同类型公共服务设施配置要点

我国不同地域有着不同的自然本底和社会经济文化，使得地域发生了功能的演化，这种功能演化具体的空间表现在土地利用等多个方面，如公共服务设施的配置区别。

综合来看，在村庄规划及公共服务设施配置中，存在着村域职能/凝聚力强的中心村、对外吸引力强的外源型村、村落内部衰败的空心村、外出打工人数较多的外向村、人口结构趋于老龄化的老龄村、快速城市化无序发展形成的城中村、还有灾后重建或者迁村并点的新建村等。不同的村庄类型对公共服务设施的配置需求不同，在规划中也采取不同的配置对策，如表 7-1 所示。

表 7-1　不同类型村庄公共服务设施配置对策

村庄类型	现状或特点	对策
村庄普遍特征	教育设施需完善、环境卫生需改善、文体休闲需丰富	改善、提高
中心村	中心性强，受服务人口多	提高服务供给能力，完善设施建设；注重与低层次的村落进行联建，做好中心地布局（村镇体系）
外源型村	有主导产业、经济发达，主要是外来人口的需求难以满足	针对外源，提供相应服务，主要是改善商业服务设施
空心村	村庄建设用地过剩且低效利用，村子脏、乱、差	缩减建设用地规模，用建设用地指标换取村庄整治资金，提高公共服务设施质量

村庄类型	现状或特点	对策
外向村	外出打工人数较多，需提高素质；留守的多是妇女、儿童和老人	改善教育文化设施，提高村民素质；关注老、妇、孺的公共服务需求
老龄村	人口结构老龄化严重	建老年活动中心、敬老院等设施
城中村	地处城市范围，但公共服务设施较差，环境也有待改善	借助城市更新，改善设施配置状况
落后村	经济不发达，人均收入低，公共服务设施简陋	寻求发展机会
重建村/新建村	—	根据村民收入水平、生活习惯等进行公共服务需求分析，配置公共服务设施
其他类型村	—	满足基本需求的基础上提高服务能力

7.2　公共服务设施配置内容

根据《镇规划标准》（GB 50188—2007）、《镇（乡）域规划导则（试行）》（2010）的规定，我国村镇公共服务设施共有七个类型：行政管理、教育机构、医疗保健、文体科技、社会保障、商业金融和集贸设施，每一类型又有具体的设施项目与是否配置的定性建议。

7.2.1　行政管理设施配置

行政管理设施主要是村党支部委员会与村民委员会固定办公场所，其中村党支部委员会是党在农村最基层的组织，是本村各种组织和各项工作的领导核心；村民委员会办理本村的公共事务和公益事业，调解民间纠纷，协助维护社会治安，向人民政府反映村民的意见、要求和提出建议。行政管理设施应包含"村两委"办公室、便民服务室、村民调解室、远程教育信息室（电教室）和纪检小组等提供村级服务（表7-2）。

表 7-2　行政管理设施村级功能结构体系

公共服务设施	配置内容	服务职能
行政管理设施	村两委办公室	村支部、村委主任等办公场所
	便民服务室	为群众提供村民建房、计生、民政、劳动就业、证件代办及法律咨询等业务的场所
	村民调解室	用于解决村民之间简单的矛盾纠纷场所
	远程教育室或电教室	负责现代远程网络教育设备收发站点建设、管理、运营及维护等工作
	纪检小组	信访协助、党风建设、村务监督等

1. 建议指标

据《中华人民共和国村民委员会组织法》规定：村民委员会由主任、副主任和委员共 3～7 人组成，加上与之配合的村党支部委员会，村两委办公用房应为：1～2 间标准办公室、纪检小组办公室、远程教育室等。在参考《党政机关办公用房建设标准》（2014 年 11 月颁布）对应等级进行建筑面积的布置。参照前文各标准和实际情况，建议行政办公实施控制指标如表 7-3 所示。

表 7-3　行政管理设施面积配置标准建议表

聚居点	功能	面积（m²）	总面积（m²）
中心村	两委办公	12～36	48～180
	便民服务室	12～36	
	纪委小组	6～18	
	远程教育室	6～18	
	村民调解室	12～36	
	其他	0～36	
基层村	两委办公	12	12～36
	便民服务室	0～36	

2. 布置要求

一般集中布置于中心地带，也可以布置在新区以带动新区发展、吸引投资。不宜与商业金融、文化设施相邻，以避免干扰。用地多为政府、团体、经济贸易等公益性机构用地，配套比较齐全。用地环境条件好，政府大院容积率多为 0.4～0.7，其他机构多为 0.6～0.8。其千人指标可采用每机关工作人员的建筑面积指标。

7.2.2 教育机构配置

教育设施作为公益性公共服务设施，是城乡发展的重要组成部分。党的十八大指出，坚持教育的公益性和普惠性，合理配置教育资源，继续加强薄弱环节和关键领域，进一步缩小城乡、区域教育发展差距，重点向农村、边远、贫困、民族地区倾斜，积极推进困难地区办学条件尽快达到国家基本标准。本书讨论的教育机构配置重点问题是初级中学、小学和幼儿园的配置，高级中学、专科院校、职业学校、成人学校等一般由县域统筹配置。

1. 配置内容

镇域教育机构配置项目包括：专科院校、职业学校、成人教育及培训机构、高级中学、初级中学、小学、幼儿园、托儿所等。在镇域范围内，根据本镇的产业结构和特色，可以设置专科院校、职业学校或成人教育机构，以便提高村镇居民的生活技能和劳动技能；在特大型镇，可根据服务人口规模设置高级中学；镇域范围必须设置初级中学、小学、幼儿园、托儿所等，在镇驻地的初级中学、小学、幼儿园、托儿所，可结合周边村庄共同建设，为国家义务教育的普及提供必要设施。

村庄教育设施，建议中型以上村庄设置幼儿园、托儿所，人口规模超过2000 人的特大型村，还可设置小学和初级中学，中小型村庄可根据服务人口规模几个村共同设置小学和初级中学。另外，根据村庄人口规模和生产需求，可设置技能培训设施。

2. 建议指标

村镇小学配置可按照镇域人口分布情况，选择适当小学类型，进行总体规划配置。在城镇化水平较高的村镇，其镇政府驻地人口规模较大，若超过10000 人时，可设置镇政府驻地居民服务的小学校，其配置依据可遵照《城市居住区规划设计规范》（GB 50180—93）（2002 年版）进行规划。若镇政府驻地与其周边较近的村庄联合配置小学，或相邻较近的几个村庄联合配置小学，其服务人口规模为参与联合配置的人口总和。

镇域教育设施配置规模，若需配置专科院校、职业学校、成人教育及培训机构，可根据国家相关规范建设。村庄一般不设置专科院校、职业学校、成人教育及培训机构，村庄可设置技能培训，其规模较小，一般满足教学需求即可，配置建筑面积约 $40m^2$。

中小学校配置规模需进行计算获得。计算方法如下：首先根据人口统计方法，进行规划人口预测。计算方法：

$$N = A \times (1 + K + B)^n \tag{7-1}$$

式中　N——总人口预测数（人）；

　　　A——总人口现状数（人）；

　　　K——规划期内人口的自然增长率（‰）；

　　　B——规划期内人口的机械增长率（‰）；

　　　n——预测年限。

然后，预测规划年的中小学生数，按照《农村普通中小学校建设标准》（建标109—2008）的要求，计算镇域所需中小学校的总班级数；最后，选择非完全小学或完全小学和初级中学的总规模，依据中小学的服务半径，确定中小学校的数量和规模，进行镇域范围内合理空间配置。

例如，假设某镇人口规模为 30000 人，持续多年来人口自然增长率 K 为 10‰，人口的机械增长率 B 为 0，根据人口预测公式计算，若义务教育阶段学生入学率为 100%，12 年后小学在校生 1845 人，15 年后初中人数为 903 人。

依据国家标准《农村普通中小学校建设标准》（建标 109—2008）的中小学每班人数的指标：完全小学 6 班规模的学生数为：6×45 人/班＝270 人，完全小学 12 班规模的学生数为：12×45 人/班＝540 人，非完全小学 4 班规模的学生数为：4×30 人/班＝120 人。按此计算，小学学校需要 12 班完全小学 2 所，6 班完全小学 3 所，共需 5 所小学能满足全镇小学生上学的需求；或者，小学学校需要 18 班完全小学 2 所，非完全小学 2 所，共需 4 所小学能满足全镇小学生上学的需求。小学校的数量和规模还需要依据镇域村庄分布来确定，村庄分布密度大的地区可以选择规模较大的小学配置，如18班的小学；村庄分布密度小，或位置相对偏远地区可选择规模小的小学配置，如 6 班的完全小学或非完全小学配置。

根据此方法，也可推算出镇域初级中学许配置的数量和规模。按上述假设，15 年后初级中学在校生为 903 人，按照上述标准中初级中学每班 50 人计算，该镇需要 18 班初级中学 1 所，一般初级中学设置在镇政府驻地。

7.2.3 医疗保健设施配置

村镇医疗保健设施是为广大农村居民提供基本医疗卫生服务的设施，是我国落实各种医疗卫生政策和新型农村合作医疗制度的载体。村镇医疗保健服务分为三个层次：一是公共卫生服务，包括健康教育，对各种传染病、地方病的控制与预防，公共卫生建设以及妇幼保健等；二是基本医疗，是指能够保证农民基本健康的、多发病的诊断、治疗，也包括门诊和住院服务；三是超出基本医疗范围的更高层次的医疗服务。本书主要针对第二层次的医疗卫生服务的设施配置内容、规模和方法。

1. 配置内容

镇域医疗保健设施配置内容包括：计划生育站、防疫站、卫生监督站、卫生院、休疗养院、专科诊所。在镇驻地，建议必须配建的项目为计划生育站、防疫站或卫生监督站、卫生院，以满足镇域居民的医疗卫生需求。建议具有特殊行业的镇增设休疗养院、专科诊所。

镇卫生院是镇域必须设置的医疗卫生设施，按照《乡镇卫生院建设标准》（建标 107—2008）的规定，镇卫生院的各功能用房主要有：预防保健、合作医疗管理、门诊、放射、检查、住院（含手术室、产房）和行政后勤保健等用房。

村庄医疗卫生设施包括：门诊室或卫生室，卫生室包括诊疗室和防疫室。人口规模超过 2000 人的特大型村，在经济条件允许、服务范围大的情况下，可建设卫生院。

2. 建议指标

依据《乡镇卫生院建设标准》（建标 107—2008）的规定，镇卫生院的规模应按照人口规模来确定。首先根据本乡镇常住人口和暂住人口数量，以"每千服务人口宜设置 0.6～1.2 张床位"的配置指标确定镇卫生院的床位数；其次，根据卫生院的床位数量分为无床、1～20 床和 21～99 床卫生院，将卫生院划分为小型、中型和大型卫生院，其建筑面积分别为 200～300m²、300～1100m² 和 55～50m²。

镇生育站、防疫站或卫生监督站和保健站的规模参照办公场所的规模确定，一般它们的建筑面积为 50～100m²。

村庄医疗卫生设施可按照村庄人口规模分别设置规模适宜的医疗卫生设施，小型村要保证医疗卫生服务的基本需求，需要设置村卫生室，其主要房间用于预防保健、诊疗和配药等，参照《乡镇卫生院建设标准》门诊用房面积的规定：小型卫生院配置的要求，各使用房面积分别为：预防保健、合作医疗管理，48m²；门诊，60m²；放射、检查，30m²；行政后勤保健，40m²。村庄卫生室建筑面积可定为 60m²，分成 3～4 个房间，分别为预防保健、诊疗和配药等用房。

特大型村由于人口规模较大，可在保证村卫生室基本配置基础上，增加合作医疗管理、检查和防疫等医疗卫生服务内容，面积可增加 60～90m²，构成卫生服务站，总建筑规模为 120～150m²。

7.2.4 文体科技设施配置

村镇文体科技设施是我国农村开展群众文化工作的重要场所，也是乡镇政府为农村提供基本公共文化服务而设立的公益性文化科技事业机构。镇村文体科技设施集宣传教育、文化艺术、文化遗产保护、数字文化信息服务、图书阅读、广播影视、科学普及、体育活动和青少年校外活动等于一体，承担着提供公共文化服务以及乡镇政府文化管理的职能，在广大农村的经济建设和社会生活中发挥着积极的作用。

1. 配置内容

村镇文体科技设施是为开展文学、艺术、娱乐、体育、健身、科技、教育、展示和宣传等活动配置的多种空间和设施，它的配置项目与其活动类别相对应。根据《镇规划标准》（GB 50188—2007），镇域文体科技配置项目包括：文化站（室）青少年及老年之家、体育场馆、科技站、农技站、图书馆、展览馆、博物馆、影剧院、游乐健身场所、广播电视台（站）。为了满足村镇居民最基本的文化生活需求，建议小型镇配置项目为：含青少年之家的文化站、农技站、展览馆、室外体育健身场所、广播电视台。建议经济发展较快，城镇化水平较高的大型和特大型镇增设科技站、图书馆、博物馆、体育场馆、影剧院、电视台，以满足县富裕起来的村镇居民丰富的文化生活需求，从而突出镇驻地的中心地作用。

村级文体科技设施，可根据村庄人口规模、地域文化特色，兼顾农民群众文化生活的不同需求，建议小型村设置文化活动室（或多功能活动室）、室外健身场地，以满足村庄居民最基本的文体活动需求。特大型村庄，可增设农技培训室、广播站。大中型村和大型村可根据村庄实际情况，参照特大型村配置文体科技设施。

2. 建议指标

镇域文体科技设施配置规模，依据镇文化站建设的相关标准：《乡镇综合文化站建设标准》（建标 160—2012）和《镇（乡）村文化中心建筑设计规范》（JGJ 156—2008）的要求确定。

村庄文体科技设施规模参照《乡镇综合文化站建设标准》（建标 160—2012）来确定。根据该标准，小型乡镇综合文化站的建筑面积为 $300m^2$，按使用面积系数 0.7 计算，小型乡镇综合文化站的使用面积为 $210m^2$。根据文化站的各类功能用房使用面积规定，文化体育活动用房为 $35\%\sim40\%$，书刊阅览用房、教育培训用房和网络信息服务用房均占 $17\%\sim18\%$，管理和辅助用房为 $10\%\sim11\%$，可计算出各类功能用房使用面积分别为：$80m^2$、$36m^2$、$36m^2$、$36m^2$、$22m^2$。参照此规定可推算出村庄文体科技设施的规模为：文化活动室（或多功能活动室）$30\sim80m^2$，农技培训室 $36m^2$，广播站 $20m^2$，室外健身场地 $300\sim500m^2$，共计建筑面积 $86\sim136m^2$。

7.2.5　社会保障设施配置

村镇社会保障设施是 2010 年 11 月住房和城乡建设部颁布的《镇（乡）域规划导则（试行）》（2010）中增添的公益性公共服务设施。社会保障内容包括：医疗保障和老年保障、就业、残疾人等。

1. 配置内容

参照《镇（乡）域规划导则（试行）》（2010），镇域社会保障设施的配置项目包括：社会保障服务中心、残障人康复中心、老年养护院、老年人日间照料中心。

社会保障服务中心，应包括就业指导、咨询服务、老年人服务设施（含老年人活动中心和保健康复设施）等。

残障人康复中心，为残障人服务或托养的场所，其服务内容和建设设施可参照老年养护院的配置。

老年养护院是为失能老年人提供服务的专业照料机构，满足失能老人生活照料、保健康复、精神慰藉、临终关怀等方面的基本需求；老年养护院的用房包括：入住服务用房、生活用房、卫生保健用房、康复用房、娱乐用房、社会工作用房、行政办公用房和附属用房等。

老年人日间照料中心是指为以生活不能完全自理、日常生活需要一定照料的半失能老年人为主的日托老年人提供膳食供应、个人照顾、保健康复、娱乐和交通接送等日间服务的设施，其主要用房有：生活服务用房（包括休息室、沐浴间、餐厅）、保健康复用房（包括医疗保健室、康复训练室和心理疏导室）、娱乐用房（包括阅览室、书画室、网络室、多功能活动室）和辅助用房（包括办公室、厨房、洗衣房、公共卫生间和其他用房）。

老年人服务站是指具备老年人日间照料中心主要功能，为老年人提供膳食供应、保健康复、娱乐等日间服务的设施，其主要用房有：保健康复室、多功能活动室、沐浴间、餐厅、厨房、办公室、公共卫生间等用房。

2. 建议指标

镇域社会保障设施配置规模可根据我国相关标准确定其配置规模。老年养护院和老年人日间照料中心的配置规模，参照《社区老年人日间照料中心建设标准》（建标 143—2010）和《老年养护院建设标准》（建标 144—2010）的要求确定。特别建议镇域设置老年养护院，按照 2020 年我国老龄化水平达到 17.17% 的预测，30000 人口规模的镇，老年人将达到 5151 人，根据

《老年养护院建设标准》每 1000 老人口可设养护床位数宜 19～23 张床的预测，该镇需设置 100～120 床的老年养护院。因此，镇域老年养护院是非常有必要的。残障人康复中心、老年养护院和老年人日间照料中心，也要根据相应标准和规范进行配置。社会保障服务中心是镇政府职能部门之一，根据服务内容和服务人口规模确定其规模。

村庄社会保障设施包括社会保障服务站和老年人服务站。小型村庄配置的社会保障服务站，主要提供社会保障咨询服务和为老年人提供保健康复、娱乐等服务的设施，其主要用房有：社会保障咨询办公室、老年人保健康复室和多功能活动室等用房。其规模可根据房间使用性质来确定，村庄社会保障服务站总建筑面积为 80～100m²，可分为 3～5 个房间。

特大型村的社会保障服务站，包括社会保障咨询办公室、就业咨询办公室。根据房间使用性质，每间建筑面积为 20～30m²。老年人服务站包括老年人保健康复室、多功能活动室、沐浴间、餐厅、厨房、管理办公室、公共卫生间等用房。参照《社区老年人日间照料中心建设标准》（建标 143—2010）中，三类社区老年人日间照料中心的建筑面积为 750m² 的建设规模，根据村庄老年人服务站设置的各类房间使用功能，总建筑面积为：300～500m²，其中，保健康复室、多功能活动室、沐浴间、餐厅等用房各占 18%～20%，厨房、管理办公室、公共卫生间等用房各占 5.5%～5%。

为了满足农村老年人养老的基本需求，建议小型村庄配置老年人服务站，特大型村尽可能配置老年人日间照料中心或老年养护院。中型村和大型村可根据服务范围有选择地配置老年人服务站或老年人日间照料中心。其规模可根据我国相关标准和规范以及村庄实际情况，因地制宜，合理确定建设规模。村庄社会保障设施包括社会保障服务站和老年人服务站等设施，也可兼顾服务于留守老弱幼等特殊群体。

7.2.6　商业金融设施配置

1. 配置内容

村镇商业金融设施包括百货商店、超市、便利店、餐饮、理发、照相、旅馆、银行等。银行、金融、财政、工商、税务等经济建筑与行政管理建筑可合可分。镇级商业、银行、保险、金融等机构的布局应充分考虑村庄中心道路的布置，要求供货线路通畅，人流和车流应避免或减少交叉与干扰。其中，餐饮可采取小食中心、小贩中心等方式，以便利居民使用为目标，相对集中设置，建筑面积不小于 $1000m^2$。居住区级商业服务建筑应考虑合理服务半径，以方便生活、有利经营。

2. 建议指标

随着网络信息业的迅速发展和普及，越来越多的居民将通过电子银行、电子邮政实现他们的投资、金融和邮电业务。因此，应增加村镇金融设施的建筑面积，特别是投资理财咨询机构设施。

村镇商业金融类公共服务设施涉及项目很多，除小区与住宅组群布置的公共服务设施外，其他宜集中布置于镇商业中心。随着小城镇居民生活水平提高和第三产业发展，这方面需求增长也很快，且有较大的潜在需求。

村镇商业金融类公共服务设施用地控制指标，不仅与其需求预测分析有关，而且与其合理选址和布局，及其性质相近、服务同类的项目采取综合楼和商城等个体、群体建筑的增大建筑体量、合理配置、高效利用相关，也与位于不同街区地段、采用不同的适宜容积率有关。

村镇远期规划商业金融类公共服务设施主要项目配置按以下考虑：县城镇、中心镇百货商场 1 处、购物中心 1 处、银行信用社 3～4 处；一般镇百货商场 1 处、银行信用社 1～2 处。

7.2.7 集贸设施配置

1. 配置内容

村镇集贸设施包括粮油副食品市场、畜禽水产市场等，其用地宜按其经营交易的品类、销售和交易额大小、人数以及潜在需求和地方规定确定，其位置应综合考虑居民及农民进入市场的便捷性。随着电商的快速发展，还应考虑建立村镇电商平台、物流配送中心等。

2. 建议指标

村镇产业产品类或资源产品的集市贸易主要相关因素不在于镇区人口，而在于村镇类型、区位、交通、经商基础等的优势，因此集市贸易设施用地宜按其经营交易的品类、销售和交易额大小、赶集人数以及相关业务潜在需求和地方有关规定确定。集市贸易设施用地不同类别的村镇有较大差别。村镇农副产品集贸市场与镇区、小区人口有关。因此，确定村镇各类集市贸易设施服务半径为 500～1000m，用地面积不小于 1500m²。电商平台根据各村镇需求，设立镇级淘宝代购站、村级电商代购点，各村设置物流配送站，物流直达村镇。

7.3　公共服务设施配置标准

7.3.1　公共服务设施配置内容

公共服务设施的配置标准主要根据村庄的等级规模进行确定，并可结合其类型进行调整。中心村应作为公共服务设施配置的核心，同时在配置时应站在设施需求方角度，将农村居民实际需求和服务感受考虑在内进行配置。详细配置内容如表 7-4 所示。

表 7-4　村镇公共服务设施配置内容表

类别	项目	中心镇	一般镇	中心村	基层村
行政管理	镇（乡）政府、团体机构	●	●	—	—
	法庭	○			
	各专项管理机构	●	●	—	—
	农林水电管理机构	●	●		
	居委会、村委会	●	●	●	●
教育机构	专科院校	○			
	职业学校、成人教育及培训机构	○	○		
	高级中学	●	●		
	初级中学	●	●	○	
	小学	●	●	●	
	幼儿园、托儿所	●	●	●	○
文体科技	文化站（室）、青少年之家及老年之家	●	●	○	○
	体育场馆	●	○	—	—
	科技站	●	○		

续表

类别	项目	中心镇	一般镇	中心村	基层村
文体科技	图书馆、展览馆、博物馆	●	○	—	—
	影剧院、游乐健身场	●	○	—	—
	广播电视台（站）	●	○	—	—
医疗保健	计划生育站（组）	●	●	○	
	防疫站、卫生监督站	●	●	●	●
	医院、卫生院、保健站	●			
	卫生室	—	○	●	●
	休疗养院	○	—		
	专科诊所	○	○	—	
社会保障	社会保障服务中心	●	●	●	●
	残障人康复中心	●	○		
	老年养护院	●	●	●	○
	老年人日间照料中心	●	●		
商业金融	百货店、食品店、超市	●	●	○	○
	生产资料、建材、日杂商店	●	●	○	—
	粮油店	●	●		
	药店	●	●	○	○
	燃料店（站）	●	●	○	—
	文化用品店	●	●	○	—
	书店	●	●	—	—
	综合商店	●	●	○	—
	宾馆、旅店	●	●	○	
	饭店、饮食店、茶馆	●	●	○	
	理发馆、浴室、照相馆	●	●	○	
	综合服务站	●	●	○	
	银行、信用社、保险机构	●	●	○	
集贸市场	百货市场	●	●	—	—
	蔬菜、果品、副食市场	●	●	○	—
	粮油、土特产、畜、禽、水产市场	●	●	—	—

类别	项目	中心镇	一般镇	中心村	基层村
集贸市场	燃料、建材家居、生产资料市场	●	○	—	
	农村淘宝代办站	●	●	●	○
	物流配送站	●	●	●	○
	其他专业市场	●	○	—	

注：表中●——应设的项目；○——可设的项目。

7.3.2 公共服务设施配置标准

公共服务设施配置不能低于最低配置要求；可以在指导标准中根据需要选取适当标准值，如表 7-5 所示。

表 7-5 村镇公共服务设施配置标准表

设施类别	具体服务设施	最低标准（m²）	指导标准（m²）
行政管理	两委办公	总用地面积 12～36	总用地面积 200～500
	便民服务室	总用地面积 0～36	可与村委会合建
	纪委小组	总用地面积 0～18	
	远程教育室	总用地面积 0～18	
	村民调解室	总用地面积 0～36	
	其他	总用地面积 0～36	
教育机构	幼儿园	生均建筑面积 5 生均用地面积 7	生均用地面积 11.62（标准）
	小学	生均用地面积 13（现状） 生均建筑面积 4.52（标准）	农村中小学建设标准
	初级中学	生均用地面积 25 生均建筑面积 6.66	
	高级中学	—	根据上位规划制定
	其他教育机构	根据需要设置	
文体科技	文化站（室）、青少年之家及老年之家	总用地面积 30～80	总用地面积 200～800 或镇（乡）村文化中心建筑设计规范

设施类别	具体服务设施	最低标准（m²）	指导标准（m²）
文体科技	体育场馆	总用地面积 300～500	总用地面积 600～2000 或镇（乡）村文化中心建筑设计规范，可与绿地结合建设
	科技站	总用地面积 36～60	根据需求可考虑设置
	图书馆、展览馆、博物馆	总用地面积 80～100，每千人建筑面积 23	总用地面积 50～200，每千人建筑面积 23～27
	影剧院、游乐健身场	总用地面积 80～100	根据需求可考虑设置
	广播电视台（站）	总用地面积 20～50	根据需求可考虑设置
	公用礼堂	总用地面积 600	总用地面积 600～1000 或镇（乡）村文化中心建筑设计规范
	文化宣传栏	栏宽大于 5m，栏长大于 10m	可与村委会、文化站（室）或村口、绿地建在一起
医疗保健	医务所	总用地面积 40	总用地面积 50～100 或 0.06～0.27/户
	计划生育指导站	总用地面积 20	总用地面积 50～100
	防疫、保健站	总用地面积 20	总用地面积 50～100
商业金融	百货店、食品店、超市	总用地面积 0～500	根据需求可考虑设置
	生产资料、建材、日杂商店	总用地面积 0～200	根据需求可考虑设置
	药店	总用地面积 0～80	根据需求可考虑设置
	燃料店（站）	总用地面积 0～50	根据需求可考虑设置
	文化用品店	总用地面积 0～30	根据需求可考虑设置
	综合商店	总用地面积 0～80	根据需求可考虑设置
	宾馆、旅店	总用地面积 0～80	根据需求可考虑设置
	饭店、饮食店、茶馆	总用地面积 0～80	根据需求可考虑设置
	理发馆、浴室、照相馆	总用地面积 0～50	根据需求可考虑设置
	综合服务站	总用地面积 0～80	根据需求可考虑设置
	银行、信用社、保险机构	总用地面积 0～100	根据需求可考虑设置

续表

设施类别	具体服务设施	最低标准（m²）	指导标准（m²）
集贸市场	集贸市场	人均用地面积不少于0.55且考虑人均0.15的集贸停车空间，或总用地面积不少于150	总用地面积150～200
	其他专业市场	根据需求测算	无上限
社会福利	社会保障服务中心	用地面积100	总用地面积100～200
	敬老院	总用地面积200	总用地面积200～500
	儿童福利院	总用地面积200	总用地面积200～500
宗教	寺庙	总用地面积150	总用地面积150～600
	教堂	总用地面积150	总用地面积150～600

参考文献

[1]　甄延临，陈怀录，董玉良，我国区域首位城市周边地区发展规划研究[M]，北京：清华大学出版社，2010.

[2]　建筑设计资料集编委会. 建筑设计资料集(7)[M]. 北京：中国建筑工业出版社，1995.

[3]　高辉，张玉坤. 人口城镇化与土地资源的有效节约途径[J]. 新建筑，2003(3)：5-7.

[4]　王丽洁，张玉坤. 小城镇规划的优化模式研究[J]. 天津大学学报(社会科学版)，2008，10(3)：43-46.

[5]　黄建清. 村庄整治规划设计的思考[J]. 中国城市经济，2011(5)：30-34.

[6]　(英)巴里·卡林沃思，文森特·纳丁·英国城乡规划[M]. 南京：东南大学出版社，2011.

第8章　基础设施工程规划

美丽乡村基础设施工程规划需要依据以下六项基本原则进行编制：

1. 研究区域关系，把握规划原则

大中城市规划区范围内的郊区乡村，基础设施配置应在城市总体规划中一并考虑；集中分布或连绵分布的乡村，基础设施应在城镇区域统筹规划基础上，实行主要市政设施联建共享，避免重复建设；相对独立、分散分布的乡村，基础设施应在县域或镇域城镇体系基础设施规划指导下，结合乡村经济、社会发展和实际情况作出具体安排。

2. 确定合理的规划指标

规划指标的取值直接决定了后面的设施规模和管网计算，可以说是基础设施规划的基础，因此我们对于乡村的指标体系，必须在参照国家相应标准的同时，结合乡村的现实情况和专业发展动向来综合考虑。近年来随着节能减排、低碳生态等理念在市政工程规划中的贯彻，很多基础设施规划的指标也应作出一些调整，例如"低冲击开发模式"在雨水工程中的应用，使得在雨水工程设计时，径流系数的取值也发生了改变；节水要求的提高需要我们采用节水设施和运用新技术，这也使得我们在计算管网漏损时的取值相应降低。

3. 近远期统筹考虑

乡村旅游经济发展弹性大，因此其用水量、用电量等各类市政负荷变数也大，所以市政设施的位置、数量、容量一定要近远期统筹考虑。污水处理站、垃圾中转站、变压器站、变电所等基础市政公用设施千万不能出现三五年就需要选址重建的情况，同时它们的建设规模一定要在满足近期需求的同时，为将来的升级扩容预留足够的备用空间。

4. 因地制宜，建立适合自身特点的工程体系

基础设施工程规划切忌模式化，由于每个乡村有着各自不同的地理特

征、资源条件、规划背景，因此其基础设施工程规划的思路和模式也各自不同。例如在水资源较为匮乏的乡村，要特别注重节水规划，必要的话需要设置再生水系统规划；在太阳能比较丰富的乡村，则需要提高太阳能的利用率，并且在相应的指标体系中加以约束；沿海乡村由于台风威胁较大，则需要在防灾规划体系中加入防风规划；山区的乡村则需要加入地质灾害防护的重要规划等。

5. 强化生态环境保护规划

坚持环境保护规划服从区域、流域的环境保护规划的原则。注意环境保护规划与其他专业规划的相互衔接，充分发挥环境保护规划在环境管理方面的综合协调作用。严格控制在乡村的上风向和饮用水源地等敏感区内建设有污染的项目（例如规模化畜禽养殖场等各类严重污染水质和土地的建设项目）。

6. 加强综合防灾规划

乡村防灾减灾应遵循"预防为主、防治结合"的方针，执行地震、火、风、洪水、地质灾害等不同灾种设防有关的现行国家标准。较集中分布或连绵分布的乡村的防灾减灾规划可统筹考虑，资源共享；分散乡村的防灾减灾规划可以结合乡村及周围农村的实际情况进行综合考虑。乡村新建居民点选址要避开洪水淹没及行洪滞洪区，并应尽量避开低劣的地基岩土（如冻土、膨胀性岩土、流塑性淤泥、地下采空堆填土等）分布区、活动断裂及滑坡、崩塌、泥石流多发的高危地区等地段。

8.1　道路交通规划

近年来，由于中央、省市各项政策文件的出台及各级部门的重视，道路建设得到长足发展，为社会经济的发展提供了坚实保障。农村道路建设作为地方经济发展的重要前提和保障，应摆在经济建设的重要位置，也已成为地方政府和行业主管部门的共识。截止 2014 年，全国农村公路（含县道、乡道、村道）里程 388.16 万公里，比上年末增加 9.68 万公里。全国通公路的乡（镇）占全国乡（镇）总数 99.98%；通公路的建制村占全国建制村总数

99.82%。农村公路的面貌已经发生了巨大的变化，然而与日趋完善的农村公路相对的是，我国乡村道路建设良莠不齐，除了部分经济较为发达、地理位置接近城镇和主要公路的村庄外，仍然有一部分乡村道路尚不完善，断头路、未硬化等问题依旧存在。

乡村路网是打造美丽乡村的重要骨架，是美丽乡村建设的重要基础设施之一。通过规划、完善乡村道路系统、打造乡村道路景观，对于美丽乡村的景观建设、宜居环境改善等均起到十分重要的意义。

8.1.1　美丽乡村道路现状及问题

1. 村内道路

（1）缺少硬化：部分村社道路、宅间路还是"雨天泥泞，晴天尘土"的土路，恶劣的交通条件给村民出行带来严重不便。

（2）道路较窄：由于缺乏系统的规划，村民新建、扩建民居建筑时，往往按照传统习惯预留道路空间，很多道路基本只能满足村民和非机动车通过，对乡村未来的发展产生了极大的制约。

（3）缺少停车场地：随着经济的发展和农业机械化的普及，很多农村已经保有一定量的中小型农机和机动车辆，但目前乡村中基本没有配置专用停车场地，且道路较窄，车辆停放较为困难。

（4）道路景观较差：沿街建筑与村内道路距离较近，空间压迫感较强，且缺乏绿化，整体性的道路景观较差。

2. 村外道路

村外道路一般由"村村通"公路、联系各自然村的通村道路、田间路构成。

（1）断头路：村间道路通常因村民生活、生产需要形成，缺乏系统规划，特别是田间路，以放射状、不规则、无硬化、断头路居多。

（2）道路较窄：村外道路除使用周边公路以外，通常因建设资金不足等原因，村间道路基本为单车道，且很少设置错车道。

（3）不合标准：由于乡村的建设资金有限，道路建设过分迁就现状，缺乏统一规划及长远思考，尤其是在地段复杂的乡村中，道路平曲线、纵坡、行车规矩和路面质量等建设不符合规定的标准。

8.1.2　美丽乡村道路规划

1. 道路规划原则

道路选线应顺应地形，利用原有乡村道路和田间道路，避让地质灾害隐患点等不良工程地质条件，按交通需求合理确定道路宽度。结合邻里交往和休闲健身需求，合理布置村庄步行道。主要道路路面一般采用水泥混凝土材料（部分有条件的美丽乡村可采用沥青混凝土材料），步行道路路面采用石板、碎石、鹅卵石等乡土材料。

2. 道路系统规划

乡村道路应以现有道路为基础，顺应现有村庄格局，保留原始形态走向，道路结构、形态、宽度等自然合理。打通断头路，增强对外交通联系，同时完善村庄内部道路系统，合理布局村内外道路网，主次分明，打造便捷的交通路网。

村庄主干路：一般与村庄出入口直接相连，承接村庄主要通行和对外联系功能，主干路宽度至少为双车道，以满足机动车、城乡公交的通行需求，宽度不宜小于 4m。

村庄次干路：次干路连接村庄主路，辅助主路串联整个村庄，规划宽度不宜小于 2.5m。

宅间路：规划宽度不宜小于 2.5m。

通村路：除国道、省道、县道、乡道等公路外，串联各村的主要道路，根据交通量合理规划通村道路宽度，规划宽度不宜小于 3m，宽度为单车道时，应设立错车道。

田间路：田间路主要满足农业耕作需要，具体宽度根据地方农业生产需求而定。

村庄道路出入口数量不宜少于 2 个，有条件的村庄应合理利用乡村零散空地，规划公共停车位，以满足未来发展需求。

3. 道路竖向规划

乡村道路标高宜低于两侧建筑场地标高。路基路面排水应充分利用地形和天然水系及现有的农田水利排灌系统。平原地区乡村道路宜依靠路侧边沟排水，山区乡村道路可利用道路纵坡自然排水。各种排水设施的尺寸和形式应根据实际情况选择确定。

村庄道路纵坡度应控制在 0.3％～3.5％ 之间，山区特殊路段纵坡度大于 3.5％ 时，宜采取相应的防滑措施。村庄与村庄相连道路纵坡应控制在 0.3％～6％ 之间，山区道路不应超过 8％。

乡村道路横坡宜采用双面坡形式，宽度小于 3m 的窄路面可以采用单面坡。坡度应控制在 1％～3％ 之间，纵坡度大时取低值，纵坡度小时取高值；干旱地区乡村取低值，多雨地区乡村取高值；严寒积雪地区乡村取低值。

4. 道路景观

道路绿化布置考虑采用地方特色树种作为道路绿化行道树，乔、灌、草相结合，形成具有当地特色的道路景观，行道树按照距路面 1m 种植，树坑规格 800mm×800mm，间隔在 5m 左右一棵，个别地区局部地段可协调。

5. 道路安全设施

在美丽乡村道路规划中，应结合路面情况完善各类交通设施，包括交通标志、交通标线及安全防护设施等。

公路穿越村庄时，入口处应设置标志，道路两侧应设置宅路分离挡墙、护栏等防护设施；当公路临近并且未穿越乡村时，可在乡村入口处设置限载、限高标志和限高设施，限制大型机动车通行。

农村道路路侧有临水临崖、高边坡、高挡墙等路段，应加设波形护栏或钢筋混凝土护栏等；急弯、陡坡及事故多发路段，加设警告、视线诱导标志和路面标线；视距不良的回头弯、急弯等危险路段，加设凸面反光镜；在长下坡危险路段和支路口，加设减速设施；在学校、医院等人群集散地路段，加设警告、禁令标志以及减速设施；对路基宽 3.5m 的受限路段，重点强化安保设施设置。

农村道路与公路相交时，应在公路设置减速让行、停车让行等交通标志。

农村道路建筑限界内严禁堆放杂物、垃圾，并应拆除各类违章建筑。

可在乡村主要道路上设置交通照明设施，为机动车、非机动车及行人出行提供便利。

6. 道路与桥梁工程

路面结构层所选材料应满足强度、稳定性及耐久性的要求，并结合当地自然条件、地方材料及工程投资等情况。各种结构层厚度应根据道路使用功能、施工工艺、材料规格及强度形成原理等因素综合考虑确定。

沥青混凝土路面适用于主要道路和次要道路，水泥混凝土路面适用于各类乡村道路，无机结合料稳定路面适用于宅间道路，施工工艺流程及方法可按照现行相关标准规定进行，施工过程中应加强质量监督，保证工程质量。

当过境公路桥梁穿越村庄时，在满足过境交通的前提下，应充分考虑混合交通特点，设置必要的机动车与非机动车隔离措施。

桥面坡度过大的机动车与非机动车混行的中小桥梁，桥面纵坡不应大于3％；非机动车流量很大时，桥面纵坡不应大于2.5％。

现有窄桥加宽应采用与原桥梁相同或相近的结构形式和跨径，使结构受力均匀，并保证桥梁基础的抗冲刷能力。

河湖水网密集地区，桥下净空应符合通航标准，还应考虑排洪、流冰、漂流物及河床冲淤等情况。

8.1.3　道路规划案例分析

以湖北黄冈李家湾村美丽乡村规划项目为例，对道路规划进行介绍。分别从道路规划原则、道路系统规划和道路竖向规划设计几个方面进行了阐述。

1. 道路规划原则

道路选线顺应地形，利用原有乡村道路和田间道路。主要道路路面采用沥青混凝土材料，步行道路路面采用碎石、鹅卵石等乡土材料。结合邻里交往和休闲健身需求，合理布置慢行交通体系。

2. 道路系统规划

规划方案充分考虑与总体规划衔接，保留原有的快速路，构建项目区主干路、次干路以及特色慢行系统系统。主要包括以下几个部分。

（1）项目区主干路：保留原有的主干路，适当规划新的主要交通干路，承担主要的机动交通，完善整体的交通体系。

（2）项目区次干路：依据规划的功能区，规划多条次干路，辅助承担机动交通功能。

（3）慢行体系：根据现有的道路体系以及各个特色功能区之间的联系，打造充分展示片区风采的慢行交通体系。

（4）停车场：根据项目区需要，设置了1个生态停车场以及2个临时停车场，满足旅游区内部的停车需求。

（5）主题景观大道：设置一条香果大道（图8-1～图8-4）。

图 8-1　道路断面图

图 8-2　香果大道意向图

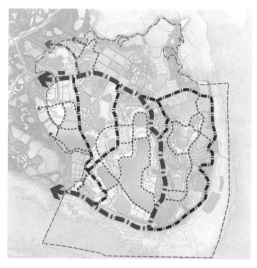

图 8-3　道路交通规划图

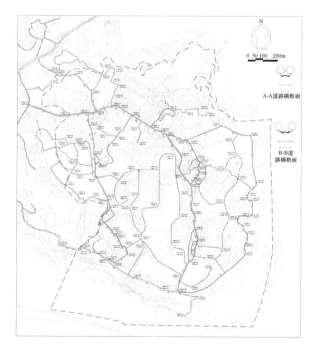

图 8-4　道路竖向规划图

3. 道路竖向规划设计

(1) 车行路竖向规划

机动车路面采用沥青混凝土路面铺设方式，禁止新建混凝土机动车道。

道路绿化布置首先考虑保留现有的道路行道树，近期保留不宜更换，新建道路及现状缺少行道树的路段，均采用橘子树作为道路绿化行道树，少植灌木，多以地被植物为主。行道树按照距路面 1m 种植，树坑规格 800mm×800mm，间隔在 5m 左右一棵，局部地段可协调。

结合道路施工情况，道路竖向可进行局部调整。

(2) 香果大道步行路竖向规划

园内步行道路：近期建设的步行道路主要为香果大道，连接各个主题功能区，规划道路宽 1.5~3m。道路整体竖向依山就势，体现自由灵活的布局特点。

8.2 给水工程规划

美丽乡村给水工程规划一般由以下几个部分组成：

8.2.1 用水量预测

首先进行乡村用水现状和水资源调查。结合乡村发展目标，研究并确定乡村用水标准，居民综合用水量至少为 60L/(人·d)。以此为基础，根据乡村发展目标与乡村规模进行乡村近、远期用水量预测。

8.2.2 给水水源规划

在完成乡村现状水源与供水方式调研的基础上，依据乡村给水工程规划目标、水资源分布布局和乡村规划标准，进行乡村取水工程、集中供水等设施的布局，确定其数量、规模、技术标准，制定乡村水资源保护措施。一般在乡村靠近城市或集镇时，应依据经济、安全、实用的原则，优先选择城市或集镇的配水管网延伸供水。在乡村距离城市、集镇较远或无条件时，应单独建设给水工程，联村、联片供水或单村供水。无条件建设集中式给水工程的乡村，可选择手动泵、引泉池或雨水收集等单户或联户分散式给水方式。

此外，水源水质必须符合下列规定：

（1）采用地下水为生活饮用水水源时，水质应符合国家标准《地下水质量标准》（GB/T 14848—93）的规定；

（2）采用地表水为生活饮用水水源时，水质应符合国家标准《地表水环境质量标准》（GB 3838—2002）的规定。

（3）水源水质不能满足上述要求时，应采取必要的处理工艺，使处理后的水质符合国家标准《生活饮用水卫生标准》（GB 5749—2006）的规定。

8.2.3　输配设施规划

根据乡村给水水源规划、乡村规划布局，进行乡村给水泵站或高位水池、水塔、调节水池等输配设施的规划与布局，并及时反馈给乡村规划部门，以落实各种设施的用地安排。

8.2.4　给水管网规划

首先根据规划布局、供水标准，计算规划范围内的用水量。然后根据用户用水量分布状况，布置规划范围内的给水管网，并确定管径和敷设方式。本阶段工作应及时与相关规划人员反馈，落实给水管道与设施的具体布置。

输配水管网规划设计应符合以下相关规定：

（1）现有供水不畅的输配水管道应进行疏通或更新，以解决跑、冒、滴、漏和二次污染等问题；

（2）规划新建和改造整治的输水管道应符合下列规定。

① 应满足管道埋设要求，尽量缩短线路长度，避免急转弯、较大的起伏、穿越不良地质地段，减少穿越铁路、公路、河流等障碍物；

② 新建或改造的管道应充分利用地形条件，优先采用重力流输水。

（3）配水管道宜沿现有道路或规划道路敷设，地形高差较大时，宜在适当位置设加压或减压设施；

（4）乡村生活饮用水配水管道不应与非生活饮用水管道、其他自备生活饮用水管道连接；

（5）输配水管道的埋设深度应根据冰冻情况、外部荷载、管材性能等因素确定。露天管道宜设调节管道伸缩设施，并设置保证管道稳定的措施，还应根据需要采取防冻保温措施。

8.2.5　给水工程规划案例分析

以广西壮族自治区玉林市鹿塘村美丽乡村规划设计给水工程规划为例，按照用水量预测、水源与输配设施规划和管网规划三部分进行介绍。

1. 用水量预测

项目区固定居民人口为 850 人，按居民生活用水定额属于中小城一区来计算，最高日用水量定额在 190～370L/（人·天），选用 $Q=320$L/（人·天），自来水普及率为 1。故一天的用水量为 $Q_1=272$m^3/d。

项目区高峰期旅游人数预测为 1 万人，就餐率取 80%，根据国家调查风景区餐饮、休闲娱乐场所用水量定额为 5～60L/（人·次），此处取 50L/人次。游客远期留宿率为 10%，根据国家调查风景区普通旅店、招待所用水量为 80～200L/（人·日），此处取 200L/（人·日），所以 $Q_2=10000\times0.8\times50/1000+10000\times0.1\times200/1000=600$m^3/d

道路浇洒和绿化总用水量 $Q_3=120$m^3/d$+162.4$m^3/d$=282.4$m^3/d。

配水管网的漏损水量及未预见用水量一般按照最高日用水量的 15%～25% 计算，在此处取值 20%。

最高日用水量 $Q=1.2\times(Q_1+Q_2+Q_3)=1.2\times(272+600+282.4)=1385.28$m^3/d

2. 水源与输配设施规划

水源来自项目区西北侧的玉东新区给水管网，由于新建的玉东新区给水管网已考虑鹿塘村的水源供应，项目区并不需要新建加压或者输配水设施，在未来超过规划期后或水源不满足的情况下，可以新建蓄水池保证水源供应。

3. 给水管网规划

给水主干管使用 DN300 球墨铸铁管，支管采用 DN100 的球磨铸铁管，入户管采用 DN50 以下规格的 PPR 专用给水管道（图 8-5）。

图 8-5　给水工程规划图

8.3　排水工程规划

乡村排水工程规划包括污水工程规划和雨水工程规划，一般工作程序分开进行表述。

8.3.1　污水工程规划

1. 污水量预测

在研究乡村自然环境的基础上，根据乡村发展目标、乡村规划用水量及重复利用状况并结合该地区人均指标，预测乡村污水量，生活污水量一般可按生活用水量的 75%～90% 进行计算。

2. 污水处理设施规划

先进行乡村现状污水处理设施与水环境分析，然后根据乡村排水系统规划目标、乡村规划总体布局以及区域水利与污水处理规划，进行水处理设施的规划布局。一般分为两种污水处理方式：集中处理和分散处理。

在集中处理方式中，污水处理站是污水处理规划的重要组成部分，因此，确定乡村污水处理站等设施布局后，应及时反馈给乡村规划设计部门，以落实污水处理站等用地布局。

同时应符合下列具体的规定：

（1）雨污分流时，将污水输送至污水处理站进行处理；

（2）雨污合流时，将合流污水输送至污水处理站进行处理。在污水处理站前，宜设置截流井，排除雨季的合流污水；

（3）污水处理站可采用人工湿地、生物滤池或稳定塘等生化处理技术，也可根据当地条件，采用其他有工程实例或成熟经验的处理技术；

（4）乡村污水处理站应选址在夏季主导风向下方、乡村水系下游，并应靠近受纳水体或农田灌溉区；

（5）乡村的养殖废水经过处理达到现行国家标准《污水综合排放标准》（GB 8978—2002）的要求后，可输送至乡村污水处理站进行处理；

（6）污水处理站出水应符合现行国家标准《城镇污水处理厂污染物排放标准》（GB 18918—2002）的有关规定；污水处理站出水用于农田灌溉时，应符合现行国家标准《农田灌溉水质标准》（GB 5084—2005）的有关规定；

（7）人工湿地适合处理纯生活污水或雨污合流污水，占地面积较大，宜采用二级串联；

（8）生物滤池的平面形状宜采用圆形或矩形。填料应质坚、耐腐蚀、高强度、比表面积大、空隙率高，宜采用碎石、卵石、炉渣、焦炭等无机滤料；

（9）地理环境适合且技术条件允许时，乡村污水可考虑采用荒地、废地以及坑塘、洼地等稳定塘处理系统。用作二级处理的稳定塘系统，处理规模不宜大于 $5000\text{m}^3/\text{d}$。

分散处理方式是用于布局分散、条件有限的村庄，可单户和几户联合修建污水处理设施，规模一般不大，投资要求较低，且出水效果较差，未来依然需要建设集中污水处理设施。一般推荐的分散生活污水处理方式有：生活污水净化池、氧化塘、跌水充氧接触氧化、人工湿地等，可以根据乡村自身情况与集中处理方式进行结合，提高出水效果。

3. 污水管网与输送设施规划

根据乡村污水处理设施规划、美丽乡村规划布局，结合乡村现状污水管网布局，进行乡村污水管网与输送设施规划，并反馈给美丽乡村规划部门，落实相关设施的用地布局。

同时污水管道规划还应满足以下要求：污水管道宜依据地形坡度铺设，坡度不应小于 0.3%，距离建筑物外墙应大于 2.5m，距离树木中心应大于 1.5m，管材可选用混凝土管、陶土管、塑料管等多种材料，污水管道应在接入位置设置检查井等。

8.3.2 雨水工程规划

1. 雨水排放设施规划

首先，进行降水等自然环境及现状雨水排放系统的调研，依据乡村排水系统规划目标，结合美丽乡村规划布局，进行乡村雨水排放口等雨水排放设施布局。乡村雨水排放设施涉及区域水利规划的，应及时反馈至区域水利、防洪主管部门；同时，应反馈至美丽乡村规划设计部门。以落实这些雨水排放设施的用地布局，冲突时可做适当调整，尽量以区域规划为主。

2. 雨水管网与输送设施规划

雨水管网规划可以按照下列要求实施：

（1）雨水可就近排入水系或坑塘，不应出现雨水倒灌农民住宅和重要建筑物的现象；

（2）雨水应有序排放，雨水沟渠可与道路边沟结合。雨水管渠应按重力流计算。

（3）排水沟渠沿道路铺设，应尽量避免穿越广场、公共绿地等，避免与排洪沟、铁路等障碍物交叉。

（4）寒冷地区，排水管道应铺设在冻土层以下，并有防冻措施。

（5）雨水排放可根据当地条件，采用明沟或暗渠收集方式；雨水沟渠应充分利用地形，及时就近排入池塘、河流或湖泊等水体，并应定时清理维护，防止被生活垃圾、淤泥淤积堵塞。

（6）雨水排水沟渠砌筑可选用混凝土或砖石、条石等地方材料。

（7）可在土地资源丰富、水源不稳定的地区修建雨水存储设施，例如坑塘和蓄水池等，以保障用水。

8.3.3 排水工程规划案例分析

以贵州省遵义市绥阳县牛心村美丽乡村规划设计中排水工程相关部分为例，进行分析。

1. 污水量预测

污水量预测按生活用水量的80%进行计算，预测为300m³/d。

2. 污水处理设施规划

污水处理设施分别位于项目区北侧地区东部和项目区南侧地区东北角。项目区北侧地区东部的污水处理设施，位于道路以东，接近河流，便于排水，地形开阔，方便施工。项目区南侧地区东北角的污水处理设施远离居住区，处于遵义地区常年风向的下风向，地理位置低，具有便于排水、减少提升等优点。

污水处理设施占地面积分别为80m×5m和40m×10m。

污水处理工艺流程：溢流井—格栅—平流式沉淀池—水解酸化池—曝气池—人工湿地或者水生植物滤池（生物陶粒为底）。

植物是人工湿地（水生植物滤池同）的重要组成部分，在人工湿地净化污水中有着重要的作用。但不同植物对污染物的净化能力也存在很大差异，选用本地区净化力强的植物用于人工湿地，一方面可以提高人工湿地对污染物的去除效率；另一方面可以减少引用外来植物的投资成本，还可以避免引用外来植物造成的生物入侵危险。贵州省属亚热带湿润季风气候，宜配置一些本地的、处理性能好、成活率高的水生喜温植物，提高植物的覆盖率，以增强人工湿地的净化能力，同时也增加人工湿地的景观效果。推荐使用的污水处理人工湿地的植物有：水葱、菖蒲、花叶芦竹、睡莲、灯心草、芦苇等（图8-6）。

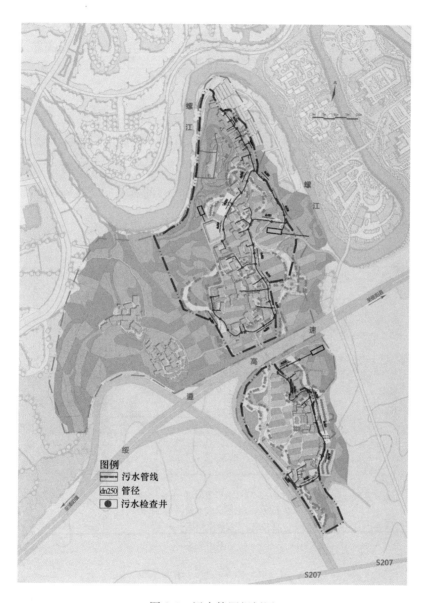

图 8-6　污水管网规划图

3. 污水管网规划

项目区采用雨污分流制排水系统，污水采用 PVC 排水管管材，管径规格为 DN250mm。污水管网需根据实际地形设计坡度，管道坡度不小于 0.004，最小覆土厚度不小于 0.7m，主干管道全部沿规划道路以及部分现有道路铺设。

4. 雨水工程规划

雨水工程采用原有的雨水沟排水形式，每条雨水沟分别接入附近的塘。统一改建原有的雨水排水明沟，雨水沟沟内宽为 400mm，两侧各砌 240mm 厚的砖壁，沟壁两侧均需用二八灰土填实，内壁做 20mm 厚防水水泥砂浆抹面，底部基础采用 C10 混凝土垫层和 120mm 的砖基础。过路的地方均雨水排水，采用水泥排水管（图 8-7）。

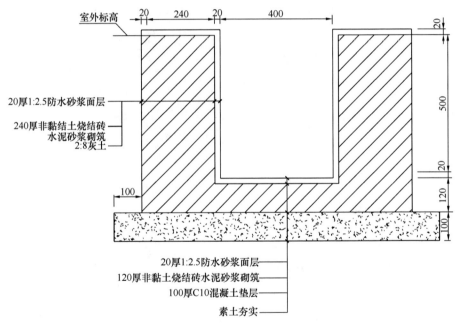

图 8-7　雨水沟修改建示意图

8.4　农田水利工程规划

8.4.1　灌溉工程规划

（1）首先根据现状调研和分析，确定规划区域的灌溉方式，一般分为渠系灌溉、井灌和河灌等，尽量选用可靠性大且有一定基础的灌溉方式，可以几种灌溉方式结合使用。

（2）下一步进行水资源供需平衡分析，一般根据各省的行业用水定额结合规划区域的种植情况，统计出水资源需求总量，遵循优先利用地表水的原则，计算可供水量是否满足水资源需求总量，若不满足则必须有相应的措施来解决，一般采用修建蓄水设施或新建输水工程等措施。

（3）规划布置灌溉渠或管道需要遵循以下几个原则：

① 布置主要灌溉渠管道的决定性因素是地形条件。必须仔细研究规划区域的地形情况，尽量避免不必要的提升，主要以自流为主；

② 布置渠管时，应力求工程量与输水损失最小，同时还要满足渠道稳定与施工管理运行方便的要求；

③ 灌溉渠系的布置必须注意与地区的土地利用结合起来；

④ 在规划布置渠系的同时，必须考虑地区排水和泄水的问题。

8.4.2　农田排水工程规划

农田排水工程规划一般分为以下几个步骤：

（1）划分排水片，即按地形、水文条件和现有水利设施等，将排水区划分为高排区和低排区、自排区和抽排区等，此外还有按农业开发计划和作物组成分片的。

（2）选择排水容泄位置。

（3）布置排水系统，包括截流沟、滞涝区、排水闸、排水泵站以及各级排水沟等，并通过水文水利计算，确定它们的规模。

（4）协调各地区的排水要求和预估排水效果及其对环境和容泄区水质的影响。

（5）同时农田排水工程规划时要考虑以下原则：

① 洪涝分治，如采用撇洪、截流、修堤筑坝，以分隔内外水，减轻排涝负担；

② 分片排涝，等高截流，以节省排水费用；

③ 因地制宜,排蓄结合。在灌溉水源缺乏地区或外水位经常高于内水位的平原圩区,可以利用湖泊或洼地滞蓄部分涝水,借以补充水源或减少抽排流量。在抽排区,湖泊河网的蓄涝容积应与抽排装机容量进行技术经济比较后确定;

④ 力争自流排水,辅以抽排。应采取一切措施,如调整排水沟坡降、改变出口位置,争取自流排水;

⑤ 排灌兼顾,综合治理。排水地区往往易涝也易旱,应考虑灌溉问题。为了达到控制排水区地下水水位的目的,排水沟和灌溉渠应尽可能建立两套系统,排灌分开;

⑥ 此外,排水规划还应满足养殖等要求,并与灌溉渠系、道路、土地利用等规划相协调,在有航运要求的地区,还要兼顾航运等其他需要。

8.4.3 农田排水工程规划案例分析

农田排水工程规划采用陕西省咸阳市秦都区美丽乡村规划设计案例进行分析。项目的规划总用面积为 18.76km²。

项目区实行渠井结合的灌溉方式,农业灌溉用水主要依靠平陵输水支渠与农田机井。项目区总体来说属于水资源相对匮乏区,应相应发展节水农业灌溉。

1. 水资源供需平衡分析

根据陕西省行业用水定额估算,项目区年灌溉需水量约为 509.5 万立方米。项目区亩均水资源量为 805 立方米,水资源总量约为 1604.8 万立方米。遵循优先利用地表水的原则,项目区规划仍为井渠结合灌区,以兴二支渠与宝鸡峡北干渠为优选水源,以机井为保障水源,同时适当建设雨水集蓄利用工程,增加项目区可利用水资源量,减少地下水的开采,确保项目区年可利用水资源量达到 510 万立方米以上,满足农业用水需求,同时考虑促进区域可持续发展,如表 8-1 所示。

2. 灌溉工程规划(图 8-8)

项目区采用井渠结合供水模式,联合利用兴二支渠、宝鸡峡北干渠、机井及雨水集蓄利用工程提供水源，推进渠道衬砌和井区管道化改造维护，积极推动现代化高效节水工程技术，提高水资源利用率，促进项目区农业生产持续发展，灌溉分式如表 8-2 所示。

表 8-1　项目区农业生产需水量分析

用地类型	规模（亩）	需水量（万立方米）
苗圃	14720	426.88
蔬菜	1127	31.56
果园	1420	14.2
绿化	3682	36.82
合计	20949	509.46

表 8-2　项目区种植业灌溉方式比选

序号	作物	灌溉方式
1	苗圃	喷灌、微喷灌、喷水带喷灌等
2	蔬菜	设施蔬菜以滴灌为主 露地蔬菜以微喷灌为主
3	果树	以滴灌、涌泉灌为主
4	绿化	以喷灌、微喷灌、滴灌为主

3. 农田排水工程（图 8-9）

项目区采用灌排分开制，排水沟系按照 5 年一遇、1 日降雨 3 日排除标准规划建设，在利用现状地形及现有沟道情况下，建设主干排水沟系，依据功能分区及道路分布规划主干沟道系统。

规划沟道全部采用梯形断面：一级排水沟上口宽 3～5m，二级排水沟上口宽 1.5～2.5m，三级排水支沟上口宽 0.8～1.2m，比降为 1/5000～1/8000。选择适当沟段，建设生态型景观沟道。

依托排水沟系建设集雨池，每个容纳 60m³ 水，集蓄雨水作为灌溉补充水源，增加可利用水资源量。

图 8-8　农田灌溉工程规划图

图 8-9　农田排水工程规划图

8.5　供电工程规划

8.5.1　供电负荷预测

首先，通过调查，进行乡村用电现状研究，并结合乡村发展目标研究乡村用电标准，同时进行乡村用电发展态势分析。然后，根据乡村发展目标、用电标准、用电发展态势并结合该地区人均指标，进行乡村近远期规划的供电负荷预测。一般电力负荷预测分为两类，一类是根据人口结合人均用电指标进行电力预测，另一类是根据单位建设用地负荷指标结合用地面积进行预测。

8.5.2　供电电源规划

在进行乡村供电电源规划之前，必须进行附近集镇的电力资源的分析研究，以及乡村现状电源与供电网络研究，以便掌握乡村的供电潜力。然后依据乡村供电系统的规划目标、区域电力发展规划，结合美丽乡村规划布局，进行乡村变压器或变电所等供电电源的规划，在部分美丽乡村引入旅游产业时，必须考虑旅游带来的供电压力，必要的时候可建设小规模变电站。

由于区域电力发展规划的电源设施布局是针对全区域的，其电厂、变电站等设施布局不一定与乡村需求完全吻合，因此在进行乡村电源规划时，应充分考虑区域供电布局条件，并在确定乡村电源布局后，及时反馈至区域电力发展规划部门，以协调区域电力设施布局。同时，乡村电源规划还要综合考虑乡村土地利用规划。

在乡村相关生产设施上提倡优先使用太阳能和生物质能源。国家和各省市均对太阳能发电有财政补贴，在适合太阳能发电的地区开展光伏农业可以有效降低生产成本，提高生产效率；同时在有条件的乡村企业引进生物质能源技术，生产稳定沼气供企业和周边地区农户使用，或者将农业垃圾加工成生物柴油、乙醇等燃料外售，既可以有效提高企业效益，也可以为地区生态环境保护做出一定贡献。

8.5.3　供电网络与变电设施规划

根据乡村供电电源规划、美丽乡村规划布局，结合乡村现状电源与供电网络进行乡村供电网络与变电设施规划。可以根据现状经济状况逐步建设完成供电网络，终期目标以电力管线及设施全部下地为准，近期可以结合现状部分下地，尤其是在景观需求的前提下，电力管线地下铺设是必然趋势。

8.5.4 供电工程规划案例分析

以内蒙古自治区鄂尔多斯市伊金霍洛旗哈沙图一、二社美丽乡村规划设计案例中供电工程为例，进行分析。

1. 供电负荷预测

用电量预测采用综合用电水平法测算后，具体计算过程如表 8-3 所示，年负荷利用小时数，2017 年取 2500h，2030 年取 3000h，近期 2017 年用电负荷为 274kW，远期 2030 年总用电负荷为 443.3kW。

2. 供电电源规划

供电电源引自鄂尔多斯机场变电站，距离相对较近，完全满足哈沙图村的使用要求。

3. 供电网络与变电设施规划（图 8-10）

规划变压器容载比取 1.8，则近期变压器的容量为 493.2kVA，远期变压器的容量为 798kVA，根据预测的变压器总容，需选用合适的变压器。电力工程远期将实现电力线路全部下地，可采用地埋式 PVC 线管的形式。路灯采用沿道路两侧对称排布，以太阳能供电为主。

表 8-3　用电计算表

2017 年		
用电量指标 （kW·h/(人·年)或 kW·h/(床·日)	人口或床位 （人/张）	用电量 （万 kW·h/年）
1000	525	52.5
4	200	16
2030 年		
用电量指标 （kW·h/(人·年)或 kW·h/(床·日))	人口或床位 （人/张）	用电量 （万 kW·h/年）
2000	525	105
4	350	28

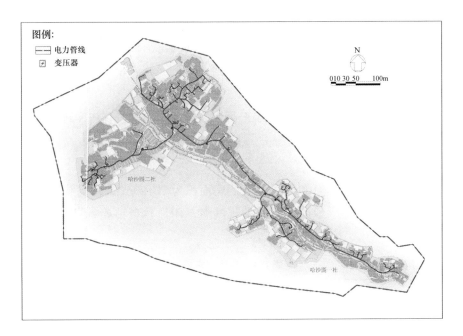

图 8-10　供电网络与变电设施规划图

8.6　供热工程规划

8.6.1　供热负荷预测

进行乡村供热现状与自然环境研究，并结合乡村发展目标，确定乡村供热目标与供热标准。在此基础上，根据乡村规模，进行乡村供热负荷预测。美丽乡村规划一般均采用集中供热的形式，分散供热的形式较少。

8.6.2　供热热源规划

首先进行乡村现状研究，然后根据乡村供热工程规划目标、美丽乡村规划布局以及乡村热能资源研究，进行乡村区域锅炉房等热源设施的规划布局。

在初步确定区域锅炉房等设施布局后，应及时与规划部门沟通，以落实这些设施的布局。同时，锅炉房等设施对大气、水体有污染，且可能有高压电力线路出入，因而对乡村布局影响甚大，往往会由此而调整乡村规划布局。

8.6.3 供热网络与输配设施规划

根据乡村供热热源规划、美丽乡村规划布局，结合乡村现状热源与供热网络，进行乡村供热网络与输配设施规划。

8.6.4 供热工程规划案例分析

采用甘肃省武威市韩佐村美丽乡村规划设计案例进行分析。项目的规划总用面积为 $4.46hm^2$（合 66.9 亩），规划净用地面积约 65 亩。

1. 供热负荷计算

当地住宅面积为 $40100m^2$，商业用房面积为 $10190m^2$，水区供暖负荷修正系数为 1.1。根据当地的气候和常年气温，用地热负荷指标选取如表 8-4 所示：

表 8-4 热负荷指标

建设用地类别	热负荷指标（W/m²）
居住用地	34
商业及附属设施用地	60

住宅：$40100 \times 34 = 1.4MW$；

商业用房：$10190 \times 60 = 0.6MW$；

小区供暖总负荷：$(1.4 + 0.6) \times 1.1 = 2.2MW$。

2. 供热形式

（1）本工程供暖热媒由室外锅炉房集中供给，采暖水温度为 85/60℃。供暖系统呈支状分布，本项目采用膨胀定压罐定压，定压罐设于项目外锅炉房内。

（2）项目住宅室内供暖系统为一户一热表的分户热计量以及与此相对应的共用立管的供热系统，共用立管及热计量表、过滤器及锁闭阀等设置于户外公共空间的管井内，便于检修。采暖公共干管采用下分式双管系统，干管设在地下一层或设管沟，异程式有坡敷设。户内采用双管并联系统，采暖管道采用 PB 管，管道埋于户内垫层内。热力入口设在室内或室外暖表井内，热力入口设置热计量表、过滤器、压差控制器以及阀门等装置。

（3）项目公建部分冬季拟采用地板辐射采暖，夏季设分体空调。

3. 供热管网敷设（图 8-11）

　　规划供热管网采用直埋敷设的方式，穿道路采用通行地沟或直埋穿越。热水管网采用枝状布置，应力求管路短直。由于采暖管网设计与建筑物的具体功能方位和建筑面积有密切的关系，所以本设计只进行各管路规划性设计，施工图设计阶段再进行具体设计。

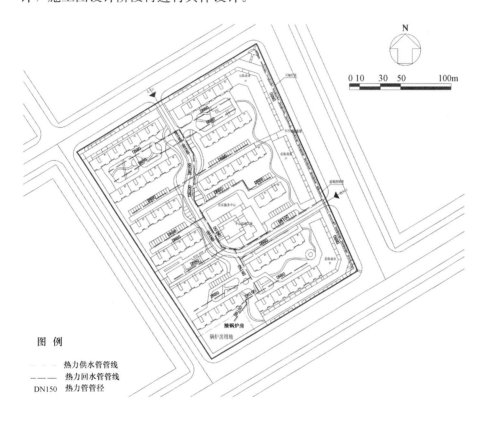

图 例

- ——— 热力供水管管线
- ——— 热力回水管管线
- DN150　热力管管径

图 8-11　供热工程规划图

8.7　燃气工程规划

8.7.1　燃气负荷预测

　　首先，通过燃气工程现状研究，结合乡村发展目标确定供气类型和对象，研究并确定供气标准。然后，根据燃气发展态势分析并结合该地区人均指标，进行乡村近、远期的燃气负荷预测。一般乡村燃气供应以天然气、液化石油气和煤气为主，其中天然气供应是当下美丽乡村燃气供应的主流。

8.7.2　燃气气源规划

在进行燃气气源规划前，必须进行乡村现状气源与燃气网络研究（只针对有现状供气的农村），并结合研究成果，依据乡村燃气系统规划目标、区域燃气发展规划和美丽乡村规划布局，进行乡村液化石油气气化站和天然气加压站等燃气气源设施的规划布局。

乡村天然气加压站等设施可能涉及区域燃气发展布局，因此，这些设施的规模、布局确定之后，应及时反馈给区域燃气主管部门，以便完善、修正区域燃气发展规划。同时，考虑乡村燃气气源设施自身安全要求、对周围地域安全的影响及其合理的服务范围等因素，在初步确定这些设施的布局后，应及时反馈给美丽乡村规划单位。

8.7.3　燃气网络与储配设施规划

根据乡村燃气气源、美丽乡村规划布局以及乡村现状气源与供气网络状况，进行乡村燃气网络与储配设施的规划，一般燃气管线均为沿现有或者新建的道路地下敷设，并与相近的其他管道和建筑物留有一定的间距，具体设计应符合《城镇燃气设计规范》（GB 50028—2006）中相关规定。

8.7.4　燃气工程规划案例分析

以北京市海淀区苏家坨镇南安河村美丽乡村规划设计案例燃气工程为例，进行分析。

1. 燃气负荷预测

燃气负荷根据项目区居民数量和居民生活用气量指标确定，南安河村居民生活用气按照小城镇居民生活用气量指标为 $60 \times 10^4 \text{kcal/（人·a）} \sim 70 \times 10^4 \text{kcal/（人·a）}$，此处取 $70 \times 10^4 \text{kcal/（人·a）}$，居民生活用气量 $Q = 1800 \times 70 = 126000$（$\text{kcal·a}$）。

2. 燃气气源规划

项目区采用秸秆气化燃气供应站，规划在项目西南角，占地 1000m^2，储气容量 350m³，造价估算为 120 万元。

　　3. 燃气网络规划（图 8-12）

　　燃气管道全部道路下埋设，主管管径为 DN200，次管管径为 DN160，支管管径为 DN90。

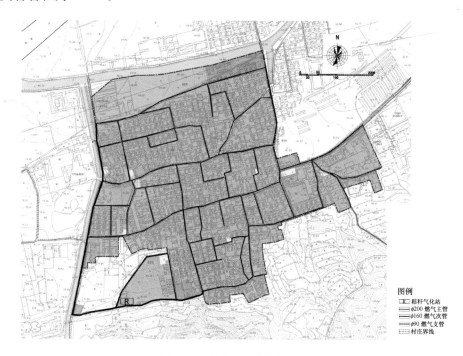

图例
☒ 秸秆气化站
⬚ φ200 燃气主管
⬚ φ160 燃气次管
⬚ φ90 燃气支管
⬚ 村庄界线

图 8-12　燃气工程规划图

8.8　电信工程规划

　　美丽乡村建设与城镇建设不同，通信工程建设一般只以电信需求为主，所以美丽乡村通信工程规划实为电信工程规划。

8.8.1　电信需求量预测

　　首先，进行乡村电信现状及发展态势研究，然后根据乡村发展目标和乡村规模，并结合该地区人均指标，预测乡村近远期规划的电信需求量。

8.8.2 电信设施与网络规划

在调查研究电信设施与网络现状的基础上，根据电信工程规划目标、美丽乡村规划布局，进行电信设施与电信网络规划。电信线路远期应该结合电力管线一起下地，近期可以根据乡村自身经济条件作出部分调整。

8.8.3 电信工程规划案例分析

以甘肃省武威市双城镇幸福村美丽乡村规划设计案例中电信工程为例，进行分析。

1. 语音和数据传输网络

规划的项目区内提供语音和数据的传输服务。住宅电话装机容量按一户两部电话考虑，加上公共设施的需求并考虑适当余量，确定总装机容量为3000门。宽带到户为项目住户提供网络接入，宽带接入网实现方案主要有ADSL、DDN等方式，小区的规划设计要为选择实时性强、性能稳定、性价比高的局域网预留充足的基础条件。

2. 卫星接收及有线电视网络

规划的居住区内提供有线电视服务，把市政部门提供的有线电视信号传输到每一户。亦可设立卫星接收站和自编节目，丰富人民群众的文化生活。

3. 管理机房的设置

（1）电信机房：规划在项目入口商业设置电信机房1处，电信、有线电视等市政信号均引至该电信机房，机房内设置通信交换设备和有线电视前端设备。

（2）安防系统控制室：规划在项目社区服务中心设置安防系统控制室1处，内设安防主机，和项目内的其他安防设备共同组成项目安防系统。小区安防系统的设置将为项目内保安防灾集中管理提供条件，使项目内居民的安全得以保障。项目内其他服务、管理系统用房也可与安防系统控制室合并建设。

4. 线路敷设

所有弱电线路均综合考虑，纳入统一规划，以降低成本。设计时应预留一定的余量，为将来的系统扩充打好基础。项目的弱电线路沿道路埋地暗敷设。项目所需的电信、有线电视等信号由市政部门负责提供（图 8-13）。

图 8-13　电信工程规划图

8.9　环卫工程规划

美丽乡村环卫工程规划主要包括垃圾收集处理和厕所改造两部分。

8.9.1　垃圾收集处理

1）垃圾产生量预测

首先，进行乡村垃圾产生现状与增长态势分析，然后根据乡村发展目标和乡村规模并结合该地区人均产生量指标，预测近远期垃圾的产生量。

2）垃圾收集处理设施规划

在调研乡村环卫设施的基础上，根据美丽乡村规划布局、环卫设施规划目标与标准，进行乡村垃圾转运站和垃圾收集站等各类环卫设施的规划布局。由于垃圾处理场和垃圾填埋厂等设施对乡村环境影响较大，因此一般不在乡村周边布设，若不得已必须自设垃圾处理场或填埋场，则应及时与乡村整体规划部门沟通并进行用地协调。

3）垃圾收集、处理与转运的一般规定

① 村庄垃圾应及时收集、清运，保持村庄整洁。

② 村庄生活垃圾宜就地分类回收利用，减少集中处理垃圾量。

③ 工业垃圾、家庭有毒有害垃圾宜单独收集处置，少量非有害的工业垃圾可与生活垃圾一起处置。塑料等不易腐烂的包装物应定期收集，可沿村庄内部道路合理设置垃圾遗弃收集点。

④ 垃圾收集点应放置垃圾桶或设置垃圾收集池（屋），收集点可根据实际需要设置，每个村庄应不少于 1 个垃圾收集点；收集频次可根据实际需要设定，可选择每周 1~2 次。

⑤ 垃圾收集点应规范卫生保护措施，防止二次污染。蚊蝇滋生季节应定时喷洒消毒及灭蚊蝇药物。

⑥ 垃圾运输过程中应保持封闭或覆盖，避免遗撒。

8.9.2 厕所改造

（1）美丽乡村规划中应综合考虑当地经济发展状况、自然地理条件、人文民俗习惯、农业生产方式等因素，选用适宜的厕所类型。厕所类型一般分为以下几种：三格化粪池厕所；三联通沼气池式厕所；粪尿分集式生态卫生厕所；水冲式厕所；双瓮漏斗式厕所；阁楼堆肥式厕所；双坑交替式厕所；深坑式厕所等。

（2）厕所类型选择应符合下列规定：

① 不具备上下水设施的村庄，不宜建水冲式厕所。水冲式厕所排出的粪便污水应与通往污水处理设施的管网相连接；

② 家庭饲养牲畜的农户，宜建造三联通沼气池式厕所；

③ 寒冷地区建造三联通沼气池式厕所时应保持温度，宜与蔬菜大棚等农业生产设施结合建设；

④ 干旱地区的村庄可建造粪尿分集式生态卫生厕所、双坑交替式厕所、阁楼堆肥式厕所或双瓮漏斗式厕所；

⑤ 寒冷地区的村庄可采用深坑式厕所，贮粪池底部应低于当地冻土层；

⑥ 非农牧业地区的村庄，不宜选用粪尿分集式生态卫生厕所。

（3）户用厕所应满足建造技术要求，方便使用与管理，与饮用水源保持必要的安全卫生距离，并应符合下列规定：

① 地上厕屋应满足农户自身需要；

② 地下结构应符合无害化卫生厕所要求、坚固耐用、经济方便。特殊地质条件地区，应由当地建筑设计部门提出建造的质量安全要求。

（4）使用预制式贮粪池、便器与厕所其他关键设备前，应进行安全性与功能性的技术鉴定，符合要求的方可生产。

8.9.3　环卫工程规划案例分析

以湖北省黄冈市黄州区王家岗村美丽乡村规划设计环卫工程为例，进行分析。

1. 村庄生活垃圾收集

（1）生活垃圾产生量预测（表 8-5）

表 8-5　王家岗村垃圾产生量预测表

预测标准			日垃圾量（t）	周垃圾量（t）	年垃圾量（t）
村民	人均标准	居民人数	0.87	6.10	317.92
	1kg/d	871			
游客	人均标准	年接待量	开放运营天数		
	0.5kg/次	100000	300	0.17	1.17	50.00
合计			1.04	7.27	367.92

（2）生活垃圾收集处理规划

采用源头减量，尽可能资源化利用，远期争取实现分类收集。邻近5～15 户修建联户垃圾收集点，每个组的中心位置联建 1～2 个村收集站点，原则上既要有所遮蔽、不影响环境，又要方便垃圾车的转运。收集站点内的垃圾由环卫部门每周进行一次转运处理。远期村组内间隔

100～150m 设置 1 个游览观光垃圾箱，村落外围道路单侧每间隔 150～200m 设置 1 个游览观光垃圾箱。村垃圾收集站点统一采用勾臂式移动垃圾箱（预算为 7000 元/个），容积至少为 3m³，保存较好的原地埋式垃圾箱继续保留。

（3）垃圾收集点布局要点

户用垃圾桶分为可回收垃圾和不可回收垃圾两种，以服务周边村户为主，需专人定期清倒和管理；村组内的垃圾收集点，采用勾臂式垃圾箱，垃圾箱分为可回收和不可回收两个部分，需垃圾车定期转运；村庄垃圾桶及勾臂式垃圾箱的位置选择在考虑居民使用方便、环卫运输方便的前提下，考虑景观遮蔽；周边景观布置主要考虑立体景观遮蔽措施，周边种植小灌木，结合小乔木形成半围合空间；垃圾桶及勾臂式垃圾箱的放置位置考虑适当的透水砖硬化，方便运输；考虑到游客数量及利用率问题，建议近期先不进行游客果皮箱的布置。

2. 公共厕所改造

（1）公厕设计理念：力求外表景观化、内部清洁化、处理无害化。

（2）公共厕所改造措施：公共厕所全部改为水冲式厕所；厕所后部设三格式化粪池，黑水经过处理后再排入附近水体；公共厕所每天需派专人打扫，保持清洁卫生；公共厕所化粪池每年进行一次清理；在村内重要交通位置设置指示牌，为游客指引公共厕所位置；位置选择以景观的遮蔽效果为主，同时又能便于寻找。

（3）公厕建筑设计要点

小厕间的门后面或墙上应设挂衣钩，洗手台的靠墙一侧、小便斗背靠的墙上或小厕间后面设置约 200mm 宽的放包台，设置若干个方便儿童用的低位小便斗和低位洗手盆，在小厕间内设置方便携带幼儿者的可以用皮带固定的婴儿座位。建议在公厕内规划一个厕所间，内设置安全抓杆，以供部分蹲、立有障碍的人使用，设有安全抓杆的厕间，应有标识指示。

为防止传染病的交叉感染，需按照以下要点设置：入口不设门，而设有足够宽度的门洞；大、小便器的冲水控制、洗手盆、消毒洗手液、烘手机等均应采用电磁自动感应控制；洗手盆的数量不少于便器总数的 1/3；小厕间的门把手宜采用抗菌材料制作。墙面应采用不吸水、不吸污、耐腐蚀、易清洗的材料。地面应防滑，地面标高宜略低于走道标高，并应有坡度坡向地漏或水沟。公厕内应设机械排风。设置机械排风时，宜设置低位排风口，排风口底离地面 600mm 为宜。

8.10　防灾工程规划

乡村防灾工程规划需要根据乡村的自身条件和发展目标，作出具体的具有针对性的规划，乡村没有像城市一样的较为统一的模式，在此只根据不同情况做各类防灾工程的关键点介绍。

8.10.1　防灾工程一般性规定

（1）乡村规划应综合考虑火灾、洪灾、震灾、风灾、地质灾害、雷击、雪灾和冻融等灾害影响，贯彻预防为主，防、抗、避、救相结合的方针，坚持灾害综合防御、群防群治的原则，综合规划、平灾结合，保障乡村可持续发展和村民生命安全。

（2）乡村规划应达到在遭遇正常设防水准下的灾害时，乡村生命线系统和重要设施基本正常、整体功能基本正常、不发生严重次生灾害、保障农民生命安全的基本防御目标。

（3）乡村规划应根据灾害危险性、灾害影响情况及防灾要求，确定工作内容，并应符合下列规定：

① 除火灾和洪灾以外的其他灾害，按表 8-6 确定对乡村具有较严重威胁的灾种，乡村存在重大危险源时，应进行重点规划，按照国家有关法律法规和技术标准规定进行防灾规划和防灾建设，条件许可时应纳入城乡综合防灾体系—进行；

② 除上一条规定外，一般危险性的常见灾害，可按群防群治的原则进行综合规划；

③ 应充分考虑各类安全和灾害因素的连锁性和相互影响，并应符合下列规定：

表 8-6　灾害危险性分类

灾种 \ 灾害危险性	划分依据	A	B	C	D
地震	地震基本加速度 a（g）	$a<0.05$	$0.05{\leqslant}a<0.15$	$0.15{\leqslant}a<0.3$	$a{\geqslant}0.3$
风	基本风压 W_0（kN/m²）	$W_0<0.3$	$0.3{\leqslant}W_0<0.5$	$0.5{\leqslant}W_0<0.7$	$W_0{\geqslant}0.7$
地质	地质灾害分区	一般区		易发区、地质环境条件为中等和复杂程度	危险区
雪	基本雪压 S_0（kN/m²）	$S_0<0.3$	$0.45>S_0{\geqslant}0.3$	$0.6>S_0{\geqslant}0.45$	$S_0{\geqslant}0.6$
冻融	最冷月平均气温（℃）	>0℃	0～−5℃	−5～−10℃	<−10℃

按各项灾害规划和避灾疏散的防灾要求，对各类次生灾害源点进行综合规划；按照火灾、水灾、毒气泄漏扩散、爆炸、放射性污染等次生灾害危险源的种类和分布，对需要保障防灾安全的重要区域和源点，分类分级采取防护措施，综合规划；应考虑公共卫生突发事件灾后流行性传染病和疫情，建立临时隔离、救治设施。

（4）现状存在隐患的生命线工程和重要设施、学校和村民集中活动场所等公共建筑应进行规划改造，并应符合现行相关标准的要求。存在结构性安全隐患的农民住宅应进行规划，消除危险因素。

（5）乡村洪水、地震、地质、强风、雪、冻融等灾害防御中，宜将下列设施作为重点保护对象，按照国家现行相关标准优先规划：

① 变电站（室）、邮电（通信）室、粮库（站）、卫生所（医务室）、广播站、消防站等生命线系统的关键部位；

② 学校等公共建筑。

（6）乡村现状用地中的下列危险性地段，禁止进行农民住宅和公共建筑建设，既有建筑工程必须进行拆除迁建，基础设施现状工程无法避开时，应采取有效措施减轻场地破坏作用，满足工程建设要求：

① 可能发生滑坡、崩塌、地陷、地裂、泥石流等的场地；

② 发震断裂带上可能发生地表位错的部位；

③ 行洪河道；

④ 其他难以规划和防御的灾害高危害影响区。

（7）对潜在危险性或其他限制使用条件尚未查明或难以查明的建设用地，应作为限制性用地。

8.10.2 消防规划

（1）乡村消防规划应贯彻预防为主、防消结合的方针，积极推进消防工作社会化，针对消防安全布局、消防站、消防供水、消防通信、消防通道、消防装备、建筑防火等内容进行综合规划。

（2）乡村应按照下列安全布局要求进行消防规划：

① 乡村内生产、储存易燃易爆化学物品的工厂、仓库必须设在乡村边缘或相对独立的安全地带，并与人员密集的公共建筑保持规定的防火安全距离。严重影响乡村安全的工厂、仓库、堆场、储罐等必须迁移或改造，采取限期迁移或改变生产使用性质等措施，消除不安全因素；

② 生产和储存易燃易爆物品的工厂、仓库、堆场、储罐等与居住、医疗、教育、集会、娱乐、市场等之间的防火间距不应小于 50m。

（3）乡村建筑规划应符合下列防火规定：

① 乡村厂（库）房和民用建筑的耐火等级、允许层数、允许占地面积及建筑构造防火要求应符合农村建筑防火的有关规定；

② 既有耐火等级低的老建筑，有条件时应逐步加以改造，采取提高耐火等级等措施消除火灾隐患；

③ 乡村电气线路与电气设备的安装使用应符合国家电气设计技术规范和农村建筑防火的有关规定。乡村建筑电气应做接地，配电线路应安装过载保护和漏电保护装置，电线宜采用线槽或穿管保护，不应直接敷设在可燃装修材料或可燃构件上，当必须敷设时应采取穿金属管、阻燃塑料管保护；

④ 现状存在火灾隐患的公共建筑，应根据《建筑设计防火规范》（GB

50016—2014）等国家相关标准进行规划改造；

⑤ 乡村应积极采用先进、安全的生活用火方式，推广使用沼气和集中供热。火源和气源的使用管理应符合农村建筑防火的有关规定；

⑥ 保护性文物建筑应建立完善的消防设施。

（4）乡村消防供水宜采用消防、生产、生活合一的供水系统，并应符合下列规定：

① 具备给水管网条件时，管网及消火栓的布置、水量、水压应符合现行国家标准《建筑设计防火规范》GB 50016—2014）及农村建筑防火的有关规定。利用给水管道设置消火栓，间距不应大于120m；

② 不具备给水管网条件时，应利用河湖、池塘、水渠等水源进行消防通道和消防供水设施规划。利用天然水源时，应保证枯水期最低水位和冬季消防用水的可靠性；

③ 给水管网或天然水源不能满足消防用水时，宜设置消防水池，消防水池的容积应满足消防水量的要求。寒冷地区的消防水池应采取防冻措施；

④ 利用天然水源或消防水池作为消防水源时，应配置消防泵或手抬机动泵等消防供水设备。

（5）乡村规划应按照国家有关规定配置消防设施，并应符合下列规定：消防站的设置应根据乡村规模、区域位置、发展状况及火灾危险程度等因素确定，消防站布局应符合接到报警5min内消防人员到达责任区边缘的要求，并应设在责任区内的适中位置和便于消防车辆迅速出动的地段；消防站的建设用地面积宜符合表8-7的规定；乡村的消防站应设置由电话交换站或电话分局至消防站接警室的火警专线，并应与上一级消防站、邻近地区消防站，以及供水、供电、供气、义务消防组织等部门建立消防通信联网。

表8-7 消防站规模分级

消防站类型	责任区面积（km²）	建设用地面积（m²）
标准型普通消防站	≤7.0	2400～4500
小型普通消防站	≤40	400～1400

（6）乡村消防通道应符合现行国家标准《建筑设计防火规范》（GB

500016—2014）及农村建筑防火的有关规定，并应符合下列规定：

① 消防通道可利用交通道路，应与其他公路相连通。消防通道上禁止设立影响消防车通行的隔离桩、栏杆等障碍物。当管架、栈桥等障碍物跨越道路时，净高不应小于4m；

② 消防通道宽度不宜小于4m，转弯半径不宜小于8m；

③ 建房、挖坑、堆柴草饲料等活动，不得影响消防车通行；

④ 消防通道宜成环状布置或设置平坦的回车场。尽端式消防回车场不应小于15m×15m，并应满足相应的消防规范要求。

8.10.3 防洪及内涝规划

（1）受江、河、湖、海、山洪、内涝威胁的乡村应进行防洪规划，并应符合下列规定：

① 防洪规划应结合实际，遵循综合治理、确保重点；防汛与抗旱相结合、工程措施与非工程措施相结合的原则。根据洪灾类型确定防洪标准：沿江河湖泊乡村防洪标准应不低于其所处江河流域的防洪标准；邻近大型或重要工矿企业、交通运输设施、动力设施、通信设施、文物古迹和旅游设施等防护对象的乡村，当不能分别进行防护时，应按"就高不就低"的原则确定设防标准及防洪设施；

② 应合理利用岸线，防洪设施选线应适应防洪现状和天然岸线走向；

③ 受台风、暴雨、潮汐威胁的乡村，规划时应符合防御台风、暴雨、潮汐的要求；

④ 根据历史降水资料易形成内涝的平原、洼地、水网圩区、山谷、盆地等地区的乡村规划应完善除涝排水系统。

（2）乡村的防洪工程和防洪措施应与当地江河流域、农田水利、水土保持、绿化造林等规划相结合，并应符合下列规定：

① 居住在行洪河道内的村民，应逐步组织外迁；

② 结合当地江河走向、地势和农田水利设施布置泄洪沟、防洪堤和蓄洪库等防洪设施。对可能造成滑坡的山体、坡地，应加砌石块护坡或挡土墙。防洪（潮）堤的设置应符合国家有关标准的规定；

③ 乡村范围内的河道、湖泊中阻碍行洪的障碍物，应制定限期清除措施；

④ 在指定的分洪口门附近和洪水主流区域内，严禁设置有碍行洪的各种建筑物，既有建筑物必须拆除；

⑤ 位于防洪区内的乡村，应在建筑群体中设置具有避洪、救灾功能的公共建筑物，并应采用有利于人员避洪的建筑结构形式，满足避洪疏散要求。避洪房屋应依据现行国家标准《蓄滞洪区建筑工程技术规范》（GB 50181—93）的有关规定进行规划；

⑥ 蓄滞洪区的土地利用、开发必须符合防洪要求，建筑场地选择、避洪场所设置等应符合《蓄滞洪区建筑工程技术规范》（GB 50181—93）的有关规定并应符合下列规定：指定的分洪口门附近和洪水主流区域内的土地应只限于农牧业以及其他露天方式使用，保持自然空地状态；蓄滞洪区内的高地、旧堤应予保留，以备临时避洪；蓄滞洪区内存在有毒、严重污染物质的工厂和仓库必须制定限期拆除迁移措施。

（3）乡村应选择适宜的防内涝措施，当乡村用地外围有较大汇水汇入或穿越乡村用地时，宜用边沟或排（截）洪沟组织用地外围的地面汇水排除。

（4）乡村排涝规划措施包括扩大坑塘水体调节容量、疏浚河道、扩建排涝泵站等，应符合下列规定：

① 排涝标准应与服务区域人口规模、经济发展状况相适应，重现期可采用5~20年；

② 具有排涝功能的河道应按原有设计标准增加排涝流量，校核河道过水断面；

③ 具有旱涝调节功能的坑塘应按排涝设计标准控制坑塘水体的调节容量及调节水位，坑塘常水位与调节水位差宜控制在0.5~1.0m；

④ 排涝规划应优先考虑扩大坑塘水体调节容量，强化坑塘旱涝调节功能。主要方法包括：将原有单一渔业养殖功能坑塘改为养殖与旱涝调节兼顾的综合功能坑塘；调整农业用地结构，将地势低洼的原有耕地改为旱涝调节坑塘；受土地条件限制地区，宜采用疏浚河道，新、扩建排涝泵站的规划

方式。

（5）乡村防洪救援系统，应包括应急疏散点、救生机械（船只）、医疗救护、物资储备和报警装置等。

（6）乡村防洪通讯报警信号必须能送达每户家庭，并应能告知乡村区域内每个人。

8.10.4　其他防灾项目规划

（1）地质灾害综合规划应符合下列规定：

① 应根据所在地区灾害环境和可能发生灾害的类型重点防御：山区乡村重点防御边坡失稳的滑坡、崩塌和泥石流等灾害；矿区和岩溶发育地区的乡村重点防御地面下沉的塌陷和沉降灾害；

② 地质灾害危险区应及时采取工程治理或者搬迁避让措施，保证村民生命和财产安全。地质灾害治理工程应与地质灾害规模、严重程度以及对人民生命和财产安全的危害程度相适应；

③ 地质灾害危险区内禁止爆破、削坡、进行工程建设以及从事其他可能引发地质灾害的活动；

④ 对可能造成滑坡的山体、坡地，应加砌石块护坡或挡土墙。

（2）位于地震基本烈度六度及以上地区的乡村应符合下列规定：

① 根据抗震防灾要求统一规划乡村建设用地和建筑，并应符合下列规定：对乡村中需要加强防灾安全的重要建筑，进行加固改造规划；对高密度、高危险性村区及抗震能力薄弱的建筑应制定分区加固、改造或拆迁措施，综合规划。

② 地震设防区乡村应充分估计地震对防洪工程的影响，防洪工程设计应符合现行行业标准《水工建筑物抗震设计规范》（SL 203—97）的规定。

（3）乡村防风减灾规划应根据风灾危害影响统筹安排进行规划，并应符合下列规定：

① 风灾危险性为 D 类地区的乡村建设用地选址应避开与风向一致的谷口、山口等易形成风灾的地段；

② 风灾危险性为 C 类地区的乡村建设用地选址宜避开与风向一致的谷

口、山口等易形成风灾的地段；

③ 乡村内部绿化树种选择应满足抵御风灾正面袭击的要求；

④ 防风减灾规划应根据风灾危害影响，按照防御风灾要求和工程防风措施，对建设用地、建筑工程、基础设施、非结构构件统筹安排进行规划，对于台风灾害危险地区乡村，应综合考虑台风可能造成的大风、风浪、风暴潮、暴雨洪灾等防灾要求；

⑤风灾危险性C类和D类地区乡村应根据建设和发展要求，采取在迎风方向的边缘种植密集型防护林带或设置挡风墙等措施，减小暴风雪对乡村的威胁和破坏。

（4）乡村防雪灾规划应符合下列规定：

① 乡村建筑应符合现行国家标准《建筑结构荷载规范》（GB 50009—2012）的有关规定，并应符合下列规定：暴风雪严重地区应统一考虑本文中防风减灾的规划要求；建筑物屋顶宜采用适宜的屋面形式；建筑物不宜设高低屋面。

② 根据雪压分布、地形地貌和风力对雪压的影响，划分建筑工程的有利场地和不利场地，合理布局和规划乡村建筑、生命线工程和重要设施。

③ 雪灾危害严重地区乡村应制定雪灾防御避灾疏散方案，建立避灾疏散场所，对人员疏散、避灾疏散场所的医疗和物资供应等做出合理规划和安排。

（5）乡村冻融灾害防御规划应符合下列规定：

① 多年冻土不宜作为采暖建筑地基，当用作建筑地基时，应符合现行国家标准的有关规定；

② 山区建筑物应设置截水沟或地下暗沟，防止地表水和潜流水浸入基础，造成冻融灾害；

③ 根据场地冻土、季节冻土标准冻深的分布情况，地基土的冻胀性和融陷性，合理确定生命线工程和重要设施的室外管网布局和埋深。

（6）雷暴多发地区乡村内部易燃易爆场所、物资仓储、通信和广播电视设施、电力设施、电子设备、村民住宅及其他需要防雷的建筑物、场所和设施，必须安装避雷、防雷设施。

8.10.5　避灾疏散

（1）乡村避灾疏散应综合考虑各种灾害的防御要求，统筹进行避灾疏散场所与避灾疏散道路的安排与规划。

（2）乡村道路出入口数量不宜少于 2 个，1000 人以上的乡村与出入口相连的主干道路有效宽度不宜小于 7m，避灾疏散场所内外的避灾疏散主通道的有效宽度不宜小于 4m。

（3）避灾疏散场地应与乡村内部的晾晒场地、空旷地、绿地或其他建设用地等综合考虑，与火灾、水灾、海啸、滑坡、山崩、场地液化、矿山采空区塌陷等其他防灾要求相结合，并应符合下列规定：应避开危险用地区段和次生灾害严重的地段；应具备明显标志和良好交通条件；有多个进出口，便于人员与车辆进出；应至少有一处具备临时供水等必备生活条件的疏散场地。

（4）避灾疏散场所距次生灾害危险源的距离应满足国家现行有关标准要求；四周有次生火灾或爆炸危险源时，应设防火隔离带或防火林带。避灾疏散场所与周围易燃建筑等一般火灾危险源之间应设置宽度不少于 30m 的防火安全带。

（5）乡村防洪保护区应制定就地避洪设施规划，有效利用安全堤防，合理规划和设置安全庄台、避洪房屋、围埝、避水台、避洪杆架等避洪场所。

（6）修建围埝、安全庄台、避水台等就地避洪安全设施时，其位置应避开分洪口、主流顶冲和深水区，其安全超高值应符合表 8-8 的规定。安全庄台、避水台迎流面应设护坡，并设置行人台阶或坡道。

（7）防洪区的乡村宜在房前屋后种植高杆树木。

（8）蓄滞洪区内学校、工厂等单位应利用屋顶或平台等建设集体避洪安全设施。

8.10.6　防灾工程规划案例分析

以江苏省宿迁市宿城区周夏村美丽乡村规划设计中防灾工程相关部分为例，进行分析。该规划主要分为 3 部分，即防洪防涝工程规划、消防规划和抗震防灾规划。

表 8-8　就地避洪安全设施的安全超高

安全设施	安置人口（人）	安全超高（m）
围垦	地位重要、防护面大、安置人口≥10000 的密集区	＞2.0
	≥10000	2.0～1.5
	≥1000～＜10000	1.5～1.0
	＜1000	1.0
安全庄台、避水台	≥1000	1.5～1.0
	＜1000	1.0～0.5

1. 防洪排涝工程规划

（1）防洪标准

规划柴塘河按 20 年一遇标准设防，应注意定期清淤、疏浚。规划各沟渠经过村庄河段防洪等级按 10 年一遇设防。

（2）工程措施

对柴塘河河道进行清淤、绿化、修排水口、扩大容水量；各河流以及各排水渠底应维持天然河底，边坡尽可能地采用透水衬砌，恢复天然河道自净水的功能，并充分利用雨洪回灌地下水。对于目前被侵占的河道应尽快恢复，保证其规划的过流断面。

（3）非工程措施

对于长年处于水上的边坡采用植草砖护坡，扩大绿化面积，改善该地区的水环境。

2. 消防规划

（1）消防站规划

规划新建综合消防所，成立村义务消防队。配备手抬消防泵、移动式灭火器和三轮消防车等处置起初火灾的消防设施，消防所布局以接到指令后 5min 内可以达到其村组边缘为首要原则。

（2）消防供水

消防管道与供水干管共用一套供水系统，在进行农村供水工程改造的同时完善消火栓的建设，在给水主次干管上按规范要求 120m 间距、保护半径

150m 设置消火栓；所有消火栓应设置明显标志；保证消火栓的水量和水压，以满足灭火需要。

（3）消防通道

在建设中应保证消防通道的畅通。利用现有交通道路，与相邻乡道相连通。消防通道上禁止设立影响消防车通行的隔离桩、栏杆等障碍物。

（4）消防通信

规划将有线通信系统作为报警、接警和调度指挥的主要通讯方式，完善报警服务中心的软硬件，开发新的服务功能。

（5）提高群众防火意识

大力宣传普及消防知识和技能，使广大人民群众了解消防、认识消防，提高自身消防火安全意识。

3. 抗震防灾规划

据国家质量监督检验检疫总局、国家标准化管理委员会发布实施的《中国地震动参数区划图》（GB 18306—2015）的资料显示，周夏村所在地丁嘴镇地震动峰指加速度为 0.3g，根据《建筑抗震设计规范》（GB 50011—2010），周夏村建设工程的抗震设防烈度为 8 度。

（1）设防标准

规划区一般建筑工程按抗地震基本烈度 8 度标准进行抗震设防，学校及生命线工程按抗地震基本烈度 9 度标准进行抗震设防。

（2）规划原则与目标

坚持以"预防为主，防、抗、救相结合"的基本原则，从周夏村的实际出发，做好震前防灾工作，提高周夏村的综合抗震能力。

防御目标：在遭遇相当于设防烈度（8 度）的地震灾害时，生命线系统不遭较重破坏，人民生活不受较大影响，社会秩序很快趋于稳定。当遭受高于设防烈度的地震时，生命线系统不遭严重破坏、不发生重大次生灾害，能较快恢复生产和生活。

（3）抗震设防措施

① 村庄建设应选择对抗震有利的地段，严禁在断裂、滑坡等危险地带

和地震可能引起火灾、水灾、泥石流等次生灾害的地区选址。

② 对地震时容易产生次生灾害，破坏后难以修复的建筑物及地震时不能停止使用的重要建筑（如消防、供水、供电、通讯、交通设施等）以及人集中的公共建筑（如学校、幼儿园等）都要按 9 度设防，确保地震时的安全。

③ 在乡村建设中，应留有足够的避震疏散通道和疏散场地，保证地震发生时的有序疏散和物资运输。地震时村庄主要疏散道路要保持畅通，沿街建筑物要退后道路红线。村庄道路出入口不宜少于 2 个。

④ 居民点应结合广场、绿地等开敞空间设置避震疏散场地。避震疏散场地应设置明显的标志和良好的交通条件，人均避震疏散面积不应小于 $2m^2$；紧急避震疏散场所规模不小于 $0.1m^2$，人均用地不小于 $1m^2$，服务半径 500m 左右，步行 10min 左右到达。

⑤ 周夏村在村综合服务中心设抗震指挥所，负责震前预报、震时应急处置、组织人员疏散、救灾物资保障和生产自救等工作。

第 9 章 保 障 措 施

美丽乡村建设内容丰富、涉及面广，是一项复杂的系统工程，因此必须从政策、组织、资金、基础设施、技术、人才等多方面加强供给和保障，才能实现美丽乡村建设快速有序推进。

9.1 组织保障

9.1.1 加强组织领导，建立省市县上下联动的责任机制

美好乡村建设点多面广、政策性强，必须坚持统一规划，强化组织领导，持续强力推进。要在省级层面统筹谋划美丽乡村建设，根据国家政策要求在本省内统一美丽乡村建设标准，形成全省统一工作方案，明确建设目标和要求，并全程负责项目审批、跟踪指导监督以及项目检查验收。市级层面主要负责依据本市实际情况，分类制定细化工作方案，按照省级工作方案要求落实分阶段实施步骤，并负责项目立项、资金筹措、组织统筹、项目协调等。县级层面主要负责本县美丽乡村建设的规划编制、资金落实和工程实施推进，对各乡镇美丽村庄建设实行分类指导和现场督导，引导和组织镇村力量积极投入美丽乡村建设。省市县三级均应成立相应领导机构，明确责任领导，定期调度协调，从而形成自上而下齐抓共管、协同配合建设美丽乡村的合力。

9.1.2 加大投入力度，建立多元支撑的投入机制

美好乡村建设具有显著的公共性和普惠性，要加快构建多元化、多渠道、高效率的投入体系。各地应根据本地区经济社会发展实际情况，探索建立"财政投入＋部门扶持＋村集体自筹＋社会投资"的多元投入机制（根据情况自由组合）。要加大财政投入力度，充分发挥财政资金的引导作用，带动社会资金投入。要充分整合各部门涉农专项资金，以县为主，将各级各相关部门的涉农资金，在不改变用途和管理要求的前提下，集中捆绑使用。有

条件的村镇要充分发挥村集体经济的力量，鼓励从集体经济收益中安排专门资金用于自身美丽乡村建设。

9.1.3　全程动态监管，建立科学合理的考核机制

建设美丽乡村功在眼前、立在长远，必须从源头上把好立项关，要在村级民主议事决策和乡镇推荐的基础上，充分考量各村庄的自然资源、产业特色、发展潜力、村集体的凝聚力和战斗力等因素，按照公平、公开、公正原则择优确定美丽乡村建设试点，为美丽乡村建设的成功推进奠定源头基础。提前安排审计介入，要在项目实施过程中实行全程跟踪审计，确保程序合法合规。要提前建立绩效考评机制，探索建立对责任人履职情况的专项考评和对项目资金使用的绩效评价，配套运用项目实施效果满意度评价，分别纳入责任人和责任单位年度考核体系，针对项目和责任人构建全方位评价体系。

9.1.4　夯实基层基础，建立依靠群众的动力机制

美丽乡村建设事关群众切身利益，必须充分发挥农村基层党组织的领导核心作用，积极配合上级政府做好美丽乡村建设宣传引导工作，引导农村党员干部在美好乡村建设中建功立业。农民是美好乡村建设的主体，要始终把维护农民切身利益放在首位，充分尊重农民意愿，要把美丽乡村建设的有关政策向农民宣讲到位，要在规划编制过程中多次组织村民代表或全体村民进行听证，充分征求农民意见建议，要把项目组织、申报、立项、招标、施工、验收等各个环节以及资金使用情况向农民公开公示，切实做到公正、公开、阳光、透明。

9.1.5　案例分析

安徽省涡阳县是我国农业产业大县，通过组织模式的创新，引领全县现代农业产业发展，近期实现"政府规划、科技支撑、企业运作、农民参与、项目带动、多方受益"，远期实现"政府引导、企业主导、科技支撑、农民参与、品牌打造、持续发展"的目标，采用"公司＋合作社＋家庭农场"为主导、科研机构驱动、政府引领助推的组织动力，实现美丽乡村建设（表9-1）。

表 9-1　组织项目模式表

项目类型		运作主体	运作建议
大类	小类		
基础设施类	道路、绿化、市政工程、综合服务等	政府	由各级政府部门合力支持
科研示范类	新品种、新技术、新设施、展示推广基地	科研院校和机构	加强与科研院校的合作
产业重点建设类	粮食、蔬菜、药材、林果、花卉苗木等种植业项目	公司＋合作社＋农户	引进龙头企业，组建各类种植专业合作社和家庭农场
	大型养殖基地项目	公司＋合作社＋农户	引进龙头企业，组建养殖专业合作社和家庭农场
	种养结合项目	公司＋合作社＋农户	引进业界知名农产品加工企业
	农产品加工类项目	公司	引进业界知名农产品加工企业
	农产品仓储物流项目	公司	引进业界知名农产品加工企业
	休闲农业与乡村旅游项目	公司	道源文化品牌打造，红色旅游品牌宣传

9.2　政策保障

9.2.1　加快管理体制改革，构建市场化运行机制

目前美好乡村建设有多个乡村分而治之，乡村产业是公司企业或个体经营，其结果导致乡村资源得不到合理利用和保护、经济效益低下。因此要管理体制改革，建立现代企业制度。在不违反国家有关法规的前提下，对部分乡村产业贯彻"资源国家所有、政府依法管理、企业开发经营"的原则，采取整体租赁经营模式、非上市股份公司制度、企业经营模式等各具特色的管理模式，推进美好乡村管理体制改革。

9.2.2 实施优惠政策，加大对农业的支持力度

出台系列农业发展扶持政策，在税收方面给予一定的优惠。鼓励兴办农副产品深加工企业，对农产品加工龙头企业适当减免税收。同时，多方位、多渠道筹集资金。

第一，积极引进外商独资和合资企业，努力争取国家和各级政府对乡村农业生产的资金支持，争取财政部门支持本地特色农业重点开发建设和农业综合开发；

第二，要努力争取金融、信贷部门的支持，把各项支农信贷资金重点向龙头企业倾斜；

第三，要大力组建股份制、股份合作制企业，鼓励企业和个人投资兴建、改建、扩建龙头企业，吸收社会闲散资金用于资源开发和农业产业化龙头企业的发展；

第四，强化对农业生产、科技的投入，加强和科学院所的合作，依靠科技进步，突出特色和优势。

9.2.3 完善乡村生态补偿机制，促进生态资本增值

乡村生态林补偿机制已经建立，广大山区农民通过"养山就业"已经得到实惠，同时应出台乡村生态资源有偿使用的有关规定，逐步形成生态补偿机制，促进生态资本增值。凡因开发经营活动占用、消耗、损害资源或环境的企业、单位和个人，都要按规定缴纳一定费用。对于因保护生态平衡而付出代价的，特别是对于退耕还林的农户，政府要给予补偿。

9.2.4 创建美好乡村示范县，树立乡村旅游新形象

按照农业部相关标准，创建美好乡村示范县，乡村旅游宣传要作整合宣传，整体推销。直接针对周边客源市场开展一系列的宣传活动，比如在电视、网络、报纸上做广告，在公交车、交通沿线增加广告，免费发放旅游宣传册，举办大规模的旅游节庆活动等，也可以采取乡村旅游形象大使的选拔、乡村旅游标志征集和设计之类的活动，为乡村旅游宣传造势。

9.2.5 案例分析

内蒙古自治区全面实施"十个全覆盖"工程，加快推进农村地区基础设

施建设和社会主义事业发展，提高农牧区基础设施服务水平，改善农牧区群众生活条件。鄂尔多斯市出台工程实施指导意见，发布《农村牧区禁止开发区"十个全覆盖"工程实施指导意见》，禁止开发区要坚持适度收缩、相对集中、城乡统筹、宜居宜业，产业发展、稳定脱贫，整合资源、提升效率的原则，突出生态建设，有序转移人口，促进增收就业，强化保障措施，确保实现全面覆盖。强调要立足村镇实际，着眼于增加农牧民收入，科学谋划、大力发展特色种养殖业、乡村旅游等优势特色产业，着力推进农村牧区产业发展和产业结构调整，提升农村牧区的可持续发展能力，有效促进农、牧民致富增收。

在大背景下，《伊金霍洛旗乌兰木伦镇美丽乡村详细规划》开始进行，以乌兰木伦镇哈沙图（一社、二社）、查干苏、木都希里（高家壕、呼家壕）5 个村庄为代表，在尊重传统村庄文化和生态脉络的前提下，以自治区"十个全覆盖"为村庄发展出发点，导入庭院经济的创新功能，使村庄聚落生成农村经济的新引擎，促进文化上的繁荣和优美的生态环境建设，体现自身和区域的带动示范作用，塑造鄂尔多斯农村建设发展的新名片，实现成为鄂尔多斯地区集生活、生产和生态一体的田园乡村。

9.3　资金组织

9.3.1　政策扶持资金

大力整合土地整治整村推进、农村综合开发、危房改造和农村清洁工程等相关涉农项目资金，集中建设中心村，兼顾治理自然村。积极申请技术创新引导专项基金，积极探索畜禽养殖安全、粮食丰产提质增效、农业面源污染、食品加工储运、重大共性关键技术（产品）开发及应用示范等现代农业发展科技创新课题，争取国家技术创新引导专项基金。

9.3.2　农业金融

建立市场化的风险转移机制，合理利用农业金融形式。完善农业信贷政策和农业保险政策，按照"谁投资、谁经营、谁受益"的原则，建立"1＋N"多元化融资渠道，政府投资为基础，带动引入多主体、多渠道、多层级的多元化融资渠道和手段，建立独特的农业保险体系和投融资体系（图9-1）。

一是建立现代金融服务体系。设立金融服务窗口；加快农村支付基础设施建设，推广银行卡等非现金支付工具；加快发展村镇银行试点等新型农业机构；规范发展小额贷款公司、融资性担保公司、典当行等具有金融服务功能的机构，积极推广联保贷款、存单质押、小额信用贷款等农业信贷形式；设立产业投资基金及研究中心，探索设立对外合资产业基金管理公司等。如四川三台农村综合改革试验区规划中，推广建设农村金融服务店，扩大抵（质）押物范围，支持金融机构开发符合"三农"特点的金融产品和服务，开展土地经营权、宅基地使用权、集体林权和农业设施、小型水利设施抵押贷款试点。

二是建立农村保险服务体系，全面开展政策性农业保险，积极拓展农村商业保险业务，稳步推进涉农保险向大宗农产品覆盖。

图 9-1　农业金融与保险

9.3.3　投融资渠道

建立多元化融资渠道，主要包括：财政补贴，如争取生态建设、水利路网基础设施建设等财政补贴；企业投资，吸引具有先进管理理念和稳定的资金流的企业进行投资；银行合作贷款，通过政府担保向金融机构申请小额贷款，专款专用，专项管理；农户自筹资金。PPP共建：政府与社会主体建立"利益共享、风险共担、全程合作"的共同体关系，政府的财政负担减轻，社会主体的投资风险减小。对于供水、电力通讯、农田水利等经营性项目的投资，充分放权，建立特许经营、投资补助等多种形式，按照"谁投资、谁经营、谁受益"的原则，鼓励和吸纳广泛的社会资金参与投资。

9.3.4　案例分析

安徽省涡阳县在完善农业信贷政策和农业保险政策的同时，建立多元化融资渠道，积极申请专项资金。

1. 建立现代金融服务体系

政府部门在城关街道设立金融服务窗口。加快农村支付基础设施建设，推广银行卡等非现金支付工具。加快发展村镇银行等新型金融机构，建议在义门、西阳、高炉建立村镇银行试点。规范发展小额贷款公司、融资性担保公司、典当行等具有金融服务功能的机构，积极推广公议授信、联保贷款、存单质押、小额信用贷款等农业信贷形式。在各镇建设农村金融服务点。扩大抵（质）押物范围，支持金融机构开发符合"三农"特点的金融产品和服务，开展土地经营权、宅基地使用权、集体林权和农业设施、小型水利设施抵押贷款试点。在核心区成立加工物流业投资基金及其研究中心，探索设立对外合资产业基金管理公司。

2. 建立农村保险服务体系

全面开展政策性农业保险，在陈大、义门、单集林场设立农业保险创新发展试验区，尽快推广到整个涡阳县。

3. 建立多元化融资渠道

财政补贴：生态建设，水利路网基础设施建设。

企业投资：先进的管理理念，稳定的资金流。

银证合作贷款：政府担保，小额贷款，专项管理，专款专用。

农户自筹：直接成本投入。

4. 积极申请技术创新引导专项基金

积极探索畜禽养殖安全、粮食丰产提质增效、农业面源污染防控、食品加工贮运、林业资源高效利用以及宜居村镇等方面的基础前沿研究、重大共性关键技术（产品）开发及应用示范等现代农业发展科技创新课题，争取国家十三五科技技术创新引导专项基金。如表 9-2 所示。

表 9-2　涡阳县金融服务项目表

序号	项目名称	所属乡镇、村
1	金融服务窗口	城关街道
2	村镇银行试点	义门、西阳、高炉
3	农村金融服务点	各个乡镇
4	产业投资基金	陈大、义门、西阳、高炉
5	农业保险创新发展试验区	陈大、义门、单集林场

9.4　信息化保障

9.4.1　推进信息化基础设施建设

加强与地方通讯部门沟通协调与战略合作，依据各地实际情况，稳步推进农村信息化基础设施建设，加快农村特别是中心村光纤、4G 网络建设，最大限度提高农村光网覆盖率，升级网络速度，为下一步农村地区搭建"互联网＋"平台、开发智能化的物联农业奠定基础（图 9-2）。

图 9-2　农村信息化基础设施建设

9.4.2　加快发展农村信息化商务

各地区要充分利用本省区现有的省级农村综合信息化服务平台，搭建市县一级的农村信息服务平台，实现市县层面全覆盖，有条件的乡镇、村庄可以建设自己的镇村级农业信息服务平台。市县政府应在农村综合信息服务站建设上给予政策和资金支持，定期组织企业、种养大户、专业合作社、村干部以及村民进行对外宣传、信息发布、投资合作等方面的培训（图9-3）。

大力开发 EPC 协同通信、商旅通、农事通等多种形式的信息化工具，为企业、种养大户、专业合作社、村干部以及村民提供便捷的信息共享平台。鼓励农民参与电商营销，丰富销售渠道形式，提升抗风险能力。如，中国移动开通了农信通业务；浙江省于 2005 年启动建设农民信箱；鞍山市农委联合鞍山联通于 2006 年推出了"金农通"惠农工程；济南市农业局联合济南移动于 2010 年启动了农事通短信平台；湖南省国家农村农业信息化示范省综合服务平台于 2013 年 6 月上线运行等，均加快了农村信息化商务的发展。

图 9-3　农村信息化商务建设

9.4.3　稳步推进农村信息化防控建设

美丽乡村既要美丽，更要安全。要稳步推进农村地区信息化技防设施建设，推进网格化监管，在村委会、重要交通关口、乡村旅游景点、重点园区重点企业周边、重要水利设施等处设置视频监控，统一接入视频监控平台。在移动客户端开发操作简便的应急系统流程，加大农村对信息化技防设施的应用培训，打造"技防进万家"的安防体系，为平安乡村提供安全技术保障。

9.4.4　案例分析

安徽省涡阳县在美丽乡村建设过程中，结合物联网思维，建立"互联网＋农业"信息化保障体系。通过 CSA、O2O 等模式，充分提升土地价值，增加农民收入。同时搭建信息平台，突破地域限制，实现信息资源、专家资源、系统资源等共享，构建"互联网＋农业"的现代农业产业体系。如图9-4所示。

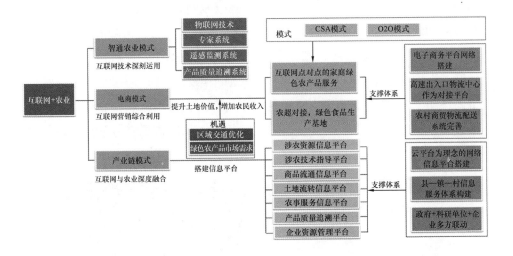

图9-4　互联网＋农业现代农业体系图

利用"互联网＋农业"的发展机遇，推广、扩充陕西"白河模式"和"大荔模式"，利用云平台的先进理念，突破地域限制，实现信息资源、专家资源、系统资源等共享。如图9-5所示，具体体现在以下四个方面。

（1）基础网络设施：利用涡阳县电子商务体系建设，完善信息进村入户，实现"一网对农村"的信息化服务高速通道；

（2）农村综合信息服务站：形成县、乡、村三级农村信息化服务体系，在经济开发区建立县级农业信息中心，在各镇建立镇级服务信息站，在中心村建立村级信息服务站；

（3）形成"公益＋市场"的农业农村信息服务模式：政府引导运营商和专业机构拓展农业农村信息化服务，形成"公益＋市场"的信息服务模式；

（4）物联网物流：引入物联网农产品物流配送系统，实现物流资源配置和管理，物流配送调度管理、物流信息查询等，西阳、龙山、经济开发区建立仓储物流配送中心。

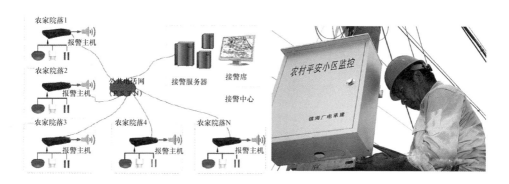

图 9-5　平安农村建设

9.5　技术保障

9.5.1　联合高等院校

积极推进"校地合作"（图 9-6），从市级层面加强与高等院校的战略合作，定期组织农村干部、产业带头人、农村科技人才等群体进行培训，从政策解读、产业发展、规划建设、乡村治理、环境保护等各方面提升上述群体对美丽乡村建设的认识，强化技能，增强信心。同时，依托高校丰富的技术储备，为美丽乡村建设提供技术支持，条件成熟时可以开展项目合作，实现校地共赢发展。如中国农业大学开展了多种形式的校地合作，在河北曲周、广西防城港、甘肃张掖、山东聊城等多个地区设立了院士工作站、教授工作站、实验站以及实践基地，充分利用学校科技、技术和人才优势，助力地方美丽乡村建设。

图 9-6　校地合作

9.5.2 联合科研院所和高新科技企业

加强与科研院所和高新科技企业的对接，通过项目合作、联合建立股份制企业等方式，引进推广科研院所和高新科技企业的技术，联合建立生产基地、科研转化试验基地，推进农村科技推广体系更加高效地运转（图9-7）。

图 9-7　技术合作

9.5.3 案例分析

湖北省黄冈市陈策楼镇美丽乡村规划项目在改善居住环境的同时，以提高科技发展水平为要求，制定了科技发展目标。

集成内外部科技资源，提升综合科技水平：围绕现代农业、休闲农业产业发展需求，推广普及本地成熟适用的技术方法，同时引进国内外先进技术成果。

完善推广体系，加强服务条件建设：引导推动科研单位、农业技术推广服务机构、农业合作社等农业组织及农户形成利益共同体，构建农业科研、农业推广、农业教育三位一体，政府统筹协调、多方协作、优势互补、平等竞争的多元化农业技术推广体系。

进行先进实用农业技术的引进与创新，建设"百项技术"资源储备库，提高现有技术的推广速度。

9.6 人才保障

9.6.1 人才引进

一要积极吸引本地优秀人才回乡干事创业。建立回乡创业园区，为有知识技术、有资金的创业人员搭建干事、创业、服务的平台。政府为回乡创业人员在资金扶持、技能培训、产业推介、科技示范等方面提供相应优惠政策。

二要加大精准引智与柔性引智力度。各地区经济社会发展阶段不同，产业发展特色也不一样，要根据各地区实际情况，以产业需要为依据，围绕美丽乡村建设需要的种植业、养殖业、林业、花卉苗木产业、农产品加工业、乡村旅游业各个生产环节，有针对性地引进工艺流程和生产管理方面的专业技术人才。同时要注重高端人才的引进，特别是针对专家院士等高端人才，可以通过项目合作、资源成功共享的方式，持续柔性引进（图9-8）。

图 9-8 人才引进

9.6.2 农业人才培育

通过培育新型主体，带动企业培养人才，开展"公司＋合作社＋家庭农场＋种养大户"的合作模式，鼓励有条件的龙头企业，推动集群发展，积极鼓励、引进和扶持各类农业开发企业通过公司建园、土地流转等方式，建设产业基地、扩大生产规模、延伸产业链，重点扶持企业建基地、打品牌、占市场，提高全市产业化发展水平，培养产业化人才。围绕全市大宗农产品销售，采取以奖代补的形式，扶持市场渠道广、销售数量大、带动能力强的农产品流通经纪人和流通大户进一步做大做强，畅通农产品流通渠道；开展"科研院所＋龙头企业＋合作社/大户"的合作模式，将科研成果在企业内推广转化，以农业龙头企业带动核心区农业的科技创新，龙头企业通过"订单"等形式与农户建立稳定的利益联结机制，带动农业增效，农民增收；开展"旅游公司/旅行社＋园区＋合作社＋农户"的合作模式，利用农业景观资源和农业生产条件，从事农业观光休闲旅游活动和美丽乡村休闲游，根据市场需求制定组合产品、旅游线路行程，促销产品、传递信息，宣传旅游产品。组织协调，安排客源；实地接待，提供服务，提供乡村旅游从业人员服务意识（图 9-9）。

图 9-9　新型主体培育

9.6.3　现代职业农民培训

根据不同层次和不同产业，按照专业化、技能化、标准化的要求确定培训内容，主要有四大类：一是以提高种植技术水平而设置，主要包括各类农业新品种、新技术、新装备的应用能力等；二是以增强市场意识和销售能力而设置，包括农产品营销、农产品经纪人等；三是以提高生产管理水平而设置，包括农业企业管理、农产品质量安全控制等；四是以激发青年农民创业而设置，主要包括现代农业发展趋势、各项惠农支农政策、农村政策法规、农村金融等。坚持"就地就近，进村办班"的培训原则，以当地学校或农民培训教室为教学地点实施培训。

9.6.4　案例分析

陕西省阳城县制定长期的人才引进计划，形成人才梯度；健全人才市场体系，实现人才优化配置；依托中国农业大学、中农富通城乡规划院等专家资源，建立专家系统与智囊团；建立"教授工作站"，指导农业工作，开展科学技术研发。

对本地农民的农业生产技能、农业服务技能、农业经营管理技能进行培训，培养一批有学历、高素质的现代职业农民。培训技能服务型与生产经营型农村实用人才，并引进适宜的先进农业技术，重视项目区孵化企业培养（图 9-10）。

图 9-10 现代职业农民培训

与对口科研单位和院校合作，引进相关的农技推广项目，加快项目推广、项目投产，造福乡村居民，提高村民收入和生产积极性，增加农民当地就业意愿。